卓越工程师培养机械类系列创新规划教材

工程教育专业认证选用教材

机械工程导论

Introduction to Mechanical Engineering

唐文献 张 建 齐继阳 编

上海交通大学出版社
SHANGHAI JIAO TONG UNIVERSITY PRESS

内容提要

  本教材紧密结合"工程教育专业认证"标准要求,以培养机械类专业学生的使命感、责任感及伦理意识为基本目标,系统地阐述了工程、技术、伦理等相关概念与知识。本教材主要内容包括科学技术与工程概论、机械工程师及其使命、现代机械设计理论与方法、现代制造模式与技术、现代测试技术与应用、科技创新与工程伦理等。全书充分吸收国内外最新科技成果,将基本概念、基础理论、工程实例、教学经验、科研成果融于一体,努力实现实用性、系统性和先进性,以行业技术发展需求为背景,力求使科技理论与工程实践相结合、思政教育与专业教育相贯通。

  本书内容新颖、体系完整,可作为普通高等院校机械工程、机械设计制造及其自动化、机械电子工程、工业设计及相关专业公共基础课程的教科书,也可供从事机电领域的工程技术人员参考。

图书在版编目(CIP)数据

  机械工程导论/唐文献,张建,齐继阳编.—上海:
上海交通大学出版社,2021.10
  ISBN 978 - 7 - 313 - 25337 - 8

  Ⅰ.①机… Ⅱ.①唐…②张…③齐… Ⅲ.①机械工
程-高等学校-教材 Ⅳ.①TH

  中国版本图书馆 CIP 数据核字(2021)第 173488 号

机械工程导论
JIXIE GONGCHENG DAOLUN

编 者:	唐文献 张 建 齐继阳			
出版发行:	上海交通大学出版社		地 址:	上海市番禺路 951 号
邮政编码:	200030		电 话:	021 - 64071208
印 制:	上海天地海设计印刷有限公司		经 销:	全国新华书店
开 本:	710mm×1000mm 1/16		印 张:	12.25
字 数:	210 千字			
版 次:	2021 年 10 月第 1 版		印 次:	2021 年 10 月第 1 次印刷
书 号:	ISBN 978 - 7 - 313 - 25337 - 8			
定 价:	49.00 元			

前　言

　　2016年,中国成为国际工程教育《华盛顿协议》的正式会员,这是我国工程教育专业质量实现国际实质等效,并进入全球"第一方阵"的重要标志。由此,中国作为工程教育大国已站在了新的历史起点上。为适应世界范围内新一轮科技革命和产业变革的需要,2017年教育部启动了"新工科"建设,加快发展新兴工科专业,改造升级传统工科专业,主动布局未来战略必争领域人才的培养等目标任务。这是使中国工程教育从全球工程教育改革发展的参与者向贡献者、引领者转变的重要举措。

　　2018年5月28日,习近平总书记在中科院第十九次院士大会开幕会上发表重要讲话时指出:进入21世纪以来,全球科技创新进入空前密集活跃的时期……科学技术从来没有像今天这样深刻影响着国家前途命运,从来没有像今天这样深刻影响着人民生活福祉。2019年7月24日,中央全面深化改革委员会第九次会议明确指出了科技伦理是科技活动必须遵守的价值准则。习近平总书记主持会议并发表重要讲话,为规范前沿科技发展指明了方向。

　　现代工程所具有的科学与实践结合、综合与创新并举、经济效益和社会效益兼顾等特征,给我国走新型工业化道路和培养创新型工程技术人才提出了更高的要求。然而,对于刚刚进入大学校门的机械工程类专业学生来讲,"什么是机械工程""为什么要选择机械工程""机械工程师之路应该怎么走"等问题常使他们感到困惑。不少学生对学习机械工程提不起兴趣,学习基础课时不知道为何要学,选择专业时不知道什么专业更适合自己。因此,如何激发广大学生对机械工程专业的兴趣,并热爱所学专业,变"要我学"为"我要学",变茫然地"被动学"为有目的地"主动学",是国内外高等院校普遍关心的问题。同时,如何培养将客观规律(科学原理)转化为设计、规划及决策的工程型人才已成为高等学校的当

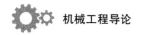

务之急。

本教材承担着让学生了解机械工程师应具备的工程素养、知识结构和历史担当以及培养学生对机械专业的兴趣和认同感的重任,传递"将公众的安全、健康和福祉置于首位"的责任意识。因此,作者团队总结多年教学经验,并调研学生培养的需求,在广泛征求专家意见的基础上,编写了这本《机械工程导论》。在保证教材体系完备、内容成系统的前提下,力求精练、深入浅出。让读者享有夜行得灯之惊喜、获吹糠见米之感悟是本书的基本追求。

本书的编写得到了多位同行专家学者的鼓励、帮助和支持,近千名在校大学生试用了本书的初稿并提出了宝贵意见。在编写过程中,本书作者阅读参考了大量资料和文献。由于篇幅所限,不能一一署名标注,在此一并表示感谢。

限于作者的水平,书中难免有疏漏和不妥之处,敬请广大读者不吝指正。

2021 年 9 月

目 录

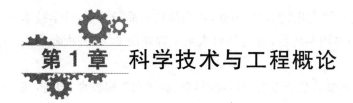

第 1 章　科学技术与工程概论

本章以对大工程观教育理念的认识为切入点，引导学生了解科学、技术和工程的概念，掌握机械工程学科专业的构成，了解工程对社会的影响以及国内外工程教育状况，并通过介绍机械工程专业培养目标与专业知识能力的要求，试图回答机械工程是什么，相关人员将来要做什么，他们面临的挑战和回报是什么，他们对全球制造业的影响是什么，以及通过他们的努力所获得的显著成就是什么。

1.1　大工程观教育

1994 年，美国麻省理工学院（MIT）院长乔尔·摩西提出了大工程观和工程集成教育的长期规划；1995 年美国国家科学基金会发表了《重建工程教育：集中于变革——NSF 工程教育专题讨论会报告》；华中科技大学李培根院士认为，未来的优秀工程师应该具备大工程观，这既是科技发展的趋势、学科交融的必然，又是社会发展的需求。

在本质上，大工程观教育是工程教育的一种回归，代表现代工程教育的方向，强调学生学习知识的完整性和系统性，强调工程教育的综合性、实践性和创造性。大工程教育能够将科学、技术以及非技术要素与工程实践等融为一体，培养具有跨界整合性和实践创新性的工程技术人才。当下或将来实施的大工程观教育必将有力推动工程教育的社会化和国际化，是现代工程教育向开放性教育发展的必然趋势。

一般认为，工程是人类有组织、有计划地综合运用多种科学技术或多学科交叉知识进行大规模改造世界的活动。从大工程观教育的视角看，它除了要考虑技术的先进性和可行性，还要考虑改造成本、质量以及对环境的影响，改造过程

1

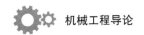
要做到环保、经济,改造后要实用、美观。因此,在高科技产品研发中,科学技术与艺术具有同等重要的作用和地位,这也是对未来工程师的要求,并由此产生STEAM教育理念。

1986年,美国国家科学委员会发表《本科的科学、数学和工程教育》报告,该报告首次明确提出"科学、数学、工程和技术"教育的纲领性建议,从而开启了STEM教育的模式,STEM教育鼓励孩子发展和提高其在科学、技术、工程和数学领域的能力,培养孩子的综合素养,从而提升其全球竞争力。随后的研究与实践表明,原有的STEM教育只关注项目本身(what & how),而忽略了对人及其背景的关注(who & why),STEM在跨学科知识的广度和深度上仍存在一定的局限性,并在教学过程中缺乏一定的趣味性、情境性和艺术性。因此,将艺术(arts)与STEM进行有机融合,在2006年出现了STEAM教育理念,如图1-1所示。2015年9月教育部出台的《关于"十三五"期间全面深入推进教育信息化工作的指导意见(征求意见稿)》中明确提出,要有效利用信息技术推进"众创空间"建设,探索STEAM教育、创客教育等新教育模式。

科学　　　　技术　　　　工程　　　　艺术　　　　数学

图1-1　STEAM教育的标识

STEAM教育除了提倡学习科学、技术、工程、数学和艺术这五个学科知识,更重要的是提出了一种新的教学理念,即在体验中学习各种学科以及跨学科的知识,这种体验是学生感兴趣的,并与生活相关的。STEAM教育挑战了基于标准化考试的传统教育理念,注重的是学习过程,而不是学习结果。

1.2　科学、技术与工程

1988 年 9 月,邓小平同志在全国科学大会上提出了"科学技术是第一生产力"的论断。这既是对当代科学技术发展趋势的判断,也充分体现了马克思主义的生产力理论和科学观。这里的科学技术就是科学和技术的总称,简称科技。科学和技术既相互联系,也具有各自不同的内涵。

1.2.1　科学、技术与工程的定义

科学(science)。科学就是人类在认识世界和改造世界过程中逐步形成的系统、完整的知识体系,它能够正确反映客观世界的现象、物质内部结构和运动规律。科学领域包括自然科学、社会科学和应用科学。科学理论由已知的观测和实验事实总结而来,具有预测能力,即能够在其适用的范围内,预测可能发生的新现象。科学理论的内容符合客观实际,具有严密的逻辑性,并能够指导工程实践。此外,科学也是一种文化,也为人类提供认识和改造世界的态度和方法,即提供科学的世界观、方法论以及开展工程活动的科学精神。

技术(technology)。世界知识产权组织(World Intellectual Property Organization,WIPO)在 1977 年版的《供发展中国家使用的许可证贸易手册》中给技术下了定义:技术是制造一种产品的系统知识,所采用的一种工艺或提供的一项服务,不论这种知识是否反映在一项发明、一项外形设计、一项实用新型或者一种植物新品种,或者反映在技术情报或技能中,或者反映在专家为设计、安装、开办或维修一个工厂或为管理一个工商业企业或其活动而提供的服务或协助等方面。按照这个定义,所有能带来经济效益的科学知识都应属于技术的范畴。科学与技术的关系表现为科学催生技术产生,技术推动科学发展,两者相互促进,共同发展。

工程(engineering)。从科学技术应用的视角来说,工程是应用数学和科学工具开发对社会面临的技术问题有益的解决方案的实践性努力。工程师设计了人们日常使用的众多消费产品,同时,他们还创造了大量的人们不一定看过或听过的其他产品,因为这些产品主要应用于商业和工业领域。因此,他们为社会、世界和地球做出了重要贡献。工程师开发了产品制造机器,建造了工厂,并开发了保证产品安全和使用性能的质量控制系统。工程就是要做出对人类有用的东西,使其发挥作用并影响我们的生活。

机械工程师利用多种要素设计机器和结构,使其有用,并解决问题,这是所有工程项目的主旨。工程师创造机器或产品以帮助人们解决工作中所面临的技术问题以及生活中所面临的困难。工程师可以从一张白纸开始设想新的东西,然后开发并改进它以使其可靠地工作,同时使其满足安全、可靠和可制造等要求。

图1-2所示为焊接系统中的机器人,它应用于需要精确控制和重复操作的

图1-2　水下焊接机器人

任务中,例如工业装配线,也可用于深海修复腐蚀管道等极端任务中。内燃机、运动设备、计算机硬盘驱动器、假肢、汽车、飞机、喷气发动机、手术工具和风力涡轮机等,是机械工程所制造的数千种产品中的一部分。可以毫不夸张地说,对于人们可以想象的每一种产品,机械工程师在其设计、材料选择、温度控制、质量保证或生产的各个环节都参与其中。

机械工程是研究、设计、制造发电和耗电机器的专业。实际上,机械工程师所制造的机器,其生产或消耗功率的范围非常宽,从纳瓦(nW)到吉瓦(GW),如图1-3所示。

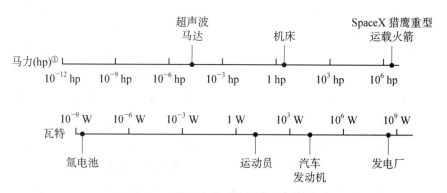

图1-3　机器生产或消耗的功率范围

很少有专业要求一个人要处理如此多个数量级的物理量,但机械工程专业却要求相关人员具备这样的能力。在较低的功率范围内,利用氢同位素氚衰变过程制备的纳瓦功率电池可以为传感器、电子设备和小型精密超声波电机供电。

运动锻炼设备在使用一段时间后,其产生的功率高达数百瓦(0.25～0.5 hp)。工业钻床中的电动机功率可达 1 000 W。在较高的功率范围内,SpaceX 猎鹰重型火箭(见图 1-4)在起飞时的功率大约为 1 800 000 hp,能够将满载的波音 737 喷气式客机送入轨道。商业电厂可以产生 10 亿瓦的电力,这足以为 80 万户家庭提供用电。

图 1 - 4　SpaceX 猎鹰重型火箭

1.2.2　科学、技术与工程的作用

1) 科学的作用

由于科学是探究自然规律的学问,需要强调实验数据及其结果的重现性,因此,科学具有认知功能和作用,即可以帮助人类认识或揭示自然状态显性或超感官隐性的现象、事实、本质和规律等,包括对过去、当下和未来事物的追溯、认识和预测。

2) 技术的作用

按照不同的专业领域,技术可以细分为机械技术、控制技术、计算机技术和信息技术等。因此,技术可理解为在科学的指导下,通过总结人们的工程实践经验而得到的知识,可以在生产实践或其他实践过程中广泛应用。比如在新产品研发生产实践活动中,概念设计、方案优选、工艺研发、制造管理等方面的系统知识都属于技术的范畴。技术可以渗透到生产力的实体和非实体要素中,直接或间接地促进生产力发展。成熟的技术可以直接用于指导生产和服务生产,是现实的生产力,也是一种商品。人们在长期的工程实践活动中,积累了大量的应用现有技术和开发新技术的经验。比如几千年前,人们已经在农业、医疗、建筑、陶瓷、金属冶炼等方面具有了高水平技能,这些技能不断得到更新和发展,推动着各自领域的市场发展。

3) 工程的作用

从工程的定义可以看出,工程是科学和技术在某一特定领域的具体应用,如机械工程领域、信息工程领域、材料科学与工程领域等。无论是哪个领域,都是将必要的物质和能源以不同的结构形式展现在机器、产品或系统中,满足人类的生产和生活需要。图 1-5 所示为科学、技术与工程的应用实例。

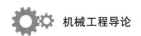

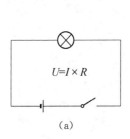（a） 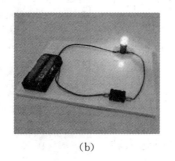（b） （c）

$$U = I \times R$$

图 1-5　科学、技术与工程的应用实例

（a）科学：物理规律；（b）技术：电路设计；（c）工程：综合运用

1.2.3　科学、技术与工程的区别

科学源于实践，发现是其本质，科学是人类通过实践获得的对自然的认识和解释，是人类对客观世界规律的理论与知识体系的总结，是推动人类进步和社会发展的精神产品，是人类认识自然与利用自然的力量源泉，其最终目的是为了认识世界。

发明是技术的灵魂，是人类塑造自我、改造自然的力量。人类要在物质生产、精神生产以及其他非生产性活动中，充分运用所掌握的一切物质手段及方法，满足自身生存、健康与发展的需要，其最终目的是为了改造世界。

制造或建造是工程的核心，是人们综合运用科学的理论和技术，包括相关的方法与手段，有目的、有组织地改造客观世界的具体实践活动，包括在该实践活动中所取得的成果，其最终目的是追求目标的社会实现。

科学、技术及工程的相互关系是为实现某一目标，从一方向另一方转化的关系。表 1-1 所示为科学、技术与工程的区别。

表 1-1　科学、技术与工程的区别

	科　学	技　术	工　程
研究的目的和任务	认识世界，揭示自然界的客观规律；解决自然界"是什么""为什么"的问题	改造世界，利用自然物和自然力；解决变革自然界"做什么""怎么做"的问题	将头脑中观念形态的东西转化为现实，并以物的形式呈现给人们

（续表）

	科　学	技　术	工　程
研究的过程和方法	追求精确的数据和完备的理论,从认识的经验水平上升到理论水平;主要运用实验推理、归纳、演绎等方法	追求比较确定的应用目标,利用科学理论解决实际问题,认识由理论向实践转化;多用调查、设计、试验、修正等方法	工程目标的确定、工程方案的设计和工程项目的决策等,其实现要考虑方方面面的因素
成果性质和评价标准	知识形态的理论或知识体系,具有公共性或共享性;评价是非正误,以真理为准绳	科学知识和生产经验的物化形态,某种程序或人工器物,具有商品性;评价利弊得失,以功利为尺度	遵循"计划—实施—观测—反馈—修正"路线来评价成败,工程达不到预期目标就意味着失败

1.3　工程学与机械工程

如前所述,工程是运用科学技术改造世界的活动,是手段和方法,因此,有必要进一步了解工程是如何运用科学技术来改造世界的,同时也需要了解工程活动对社会和环境会带来哪些影响。

1.3.1　工程学

工程学或工学是一门采用自然科学、社会科学、经济学等基础学科的知识,来研究与实践建筑、机械、船舶、仪器仪表、材料、计算机等的研发与应用的一门学科。实践与研究工程学的人称为工程师。我国现行高等院校的工学本科专业划分为 20 余个小类。

1.3.2　机械工程

从专业的角度来说,工学专业中包含机械类专业。机械工程以相关的自然科学和技术为理论基础,结合生产实践经验,研究和解决各类机电产品或系统在其全生命周期中所涉及的理论、技术、方法和手段。机械工程学科的基本任务是应用并融合机械科学、信息科学、材料科学、管理科学和数学、物理、化学等现代科学理论与方法,对机械结构、机械装备、制造过程和制造系统进行研究,研制满足人类生活、生产和科研活动需求的产品、装置或系统,并不断提供设计和制造

的新理论、新技术和新工艺。本学科具有理论与工程实践相结合,学科交叉以及为其他科学领域提供使用技术的特点,它是发现规律、运用规律和改造世界的强有力工具。图1-6所示为典型机械工程的标识。

图1-6 典型机械工程的标识

机械工程学科是最早和最基础的工程学科之一,从石器时代制造简单手工工具到现代的智能机械,从第一次工业革命到当前的信息革命,人类的生产实践、科研活动和社会进步与机械工程学科有密切关系。在建立牛顿力学和蒸汽革命以后,1847年世界首个机械工程师学会在英国成立,这标志着机械工程已走向一个独立的学科。机械设计、机械制造与机械电子的理论和技术发展一直是制造业的重要支撑:蒸汽机的发明使人类进入了铁道交流时代;公差互换性等理论带来了福特汽车大规模生产的时代;而火车、汽车等车辆生产实践催生了车辆工程专业。

建立在牛顿力学基础上的机械工程学科经历数百年辉煌以后,其内涵已经发生了深刻的变化。近年来,随着科学技术,特别是新能源、新材料、信息技术、生物技术、纳米技术等高技术的迅猛发展,出现了微纳制造、生物制造、智能制造、超长制造、绿色制造、制造服务等先进制造技术。机械工程学科不断吸收自然科学和其他应用技术领域的新发现和新发明,开辟新的发展方向;同时,新的工程领域也为机械工程学科提出了新需求。机械工程学科需面向学科前沿和重大工程需求,开展基础理论和核心技术的研究。

我国制造业的规模和总量已经进入世界前列,但是发展模式仍比较粗放,制造的产品偏低端,附加值不高;创新能力薄弱,重大装备制造技术,特别是核心技术依赖进口、受制于人,企业亟需高素质的领军人才、科研和技术骨干。我国制造业总体上大而不强,其发展面临来自能源、资源、环境等诸多方面的压力,亟须加快学科发展和人才培养。学科建设需要面向重要工程需求和科技前沿,开展基础理论和核心技术研究,取得一系列创新成果,培养大批优秀人才,促进我国由制造大国转向制造强国。

机械工程一级学科主要包括5个研究方向,即机械设计及理论、机械制造及其自动化、机械电子工程、车辆工程及微机电工程。

1) 机械设计及理论(学科代码080201)

机械设计及理论是根据使用要求对机械产品和装备的工作原理、结构、运动方式、力以及能量的传递方式等进行构思、分析、综合和分析优化的一门学科。机械设计是一个创造性的工作过程,是决定机械产品功能与性能的最主要环节之一,其任务就是研究机械产品,形成产品定义(功能设计、性能设计、结构设计等),并将其表达为图纸、数据描述等制造依据。机械设计及理论学科要培养能从事对机械产品和装备进行设计、性能分析和相关开发研究等方面的高级专业人才。机械设计及理论主要研究设计方法学、机构学、摩擦、润滑与密封、机械动力学、多学科设计与优化、机械产品性能仿真、机械强度与可靠性理论、性能分析与测试、绿色与节能设计,如图1-7所示。

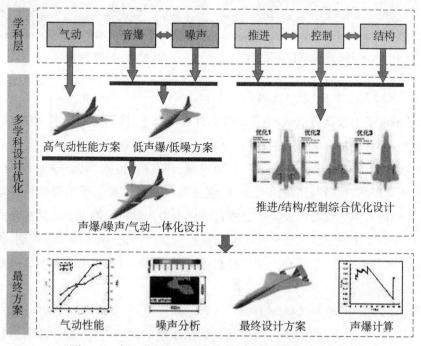

图1-7　新一代环保型超声速客机多学科优化设计框架

2）机械制造及其自动化（学科代码080202）

机械制造及其自动化是研究机械制造理论与技术、自动化制造系统以及先进制造技术的一门学科。其任务是研究可靠、高效、绿色、智能地制造出符合设计要求并提升用户价值产品所涉及的各种先进制造理论、方法、技术、工艺、装备与系统等。机械制造及其自动化学科要培养能从事对机械产品进行加工、制造和相关开发研究等方面的高级专业人才。机械制造及其自动化学科主要研究切削原理与加工工艺、精密制造技术与精密机械、数字化设计与制造、特种加工、集成制造系统、绿色制造、微纳制造、增材制造、生物制造与仿生制造、智能制造、再制造、质量保证及服役安全，示例如图1-8和图1-9所示。

图1-8　机械制造及其自动化装备　　图1-9　机电一体化产品

3）机械电子工程（学科代码080203）

机械电子工程是将机械、电子、流体、计算机技术、检测传感技术、控制技术、网络技术等有机融合而形成的一门学科。机械电子工程是机械工程与电子工程的集成，其任务是采用机械、电气、自动控制、计算机、检测、电子等多学科的方法，对机电产品、装备与系统进行设计、制造和集成。机械电子工程学科要培养能从事机电一体化设备以及生产过程自动化相关开发研究等方面的高级专业人才。机械电子工程学科主要研究机电系统控制及自动化、流体传动与控制、传感与测量、机器人、机电系统动力学与控制、信号与图像处理、机电产品与装备故障诊断。

4）车辆工程（学科代码080204）

车辆工程是研究各类动力驱动陆上运动车辆的基本理论、设计和制造技术的一门学科。其任务是综合应用力学、机械设计、电子与信息、计算机与控制、能源与化工等理论和技术,对车辆进行设计、制造、检测和控制。车辆工程学科要培养能从事各类车辆相关开发研究等方面的高级专业人才。车辆工程主要研究车辆总体、车辆动力传动系统分析与设计、车身设计与制造、车辆轻量化、节能与新能源车辆、车辆动力特性与控制、车辆安全与检测、汽车排放与污染控制、车辆电子技术、列车牵引与控制,示例如图 1-10 所示。

图 1-10　汽车概念设计图

5)微机电工程(学科代码 080205)

微机电工程是研究具有微纳米尺度特征功能器件与系统的工程原理、设计、制造与性能表征的一门学科。微机电工程学科的基础包括设计与制造基础理论、微电子学、微流体、传热传质理论、微光学、材料学、物理学、化学、生物学、力学等基础理论和方法。微机电工程学科要培养能从事微纳设计与制造相关开发研究等方面的高级专业人才。微机电工程主要研究微器件原理与设计、微纳制造工艺、微纳制造装备、微纳测量与表征、微流体力学、微纳器件性能与可靠性、微纳传感器与作动器、硅基微制造工艺与装备,示例如图 1-11 所示。

图 1-11　微机电传感器

1.3.3　工程与社会

1)再论"工程"

"工程 engineering"这个词源于拉丁语词根 ingeniere,意思是设计或构思,"ingeniere"也构成了"巧妙 ingenious"这个词的基础。这些词意是对优秀工程师的恰当总结。在最基础的层面上,工程师将他们的数学、科学和材料知识以及他们在通信和商业方面的能力应用于开发新的、更好的技术。工程师不仅要通过反复试验,从失败中找到解决办法,而且还要学习使用数学方法、科学原理和

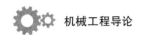

计算机模拟来创造更高效、更准确、更经济的产品,如图 1 - 12 所示。

（a）   （b）

图 1 - 12　计算机设计产品
（a）四轮驱动汽车；（b）前轮驱动汽车

从这个意义上说,工程师的工作与科学家的不同,科学家通常会强调发现物理定律而不是将这些现象应用于开发新产品。从本质上来说,工程是科学发现和产品应用之间的桥梁。工程不是为了促进或应用数学、科学和计算本身而存在的。相反,工程是社会和经济增长的驱动力,也是商业周期中不可或缺的一部分。从这个角度,美国劳工部将工程专业总结如下:工程师运用科学和数学的理论、实践经验、判断和常识创造出高效、可靠且造福于人类的产品。工程师设计、规划建筑物、高速公路以及运输系统,并监督它们的建设。他们开发并实施改进的方法来提取、加工和使用原材料,如石油和天然气。他们开发出既能提高产品性能又能利用先进技术的新材料。他们利用太阳能、地球、原子和电力来满足国家电力需求,并利用电力创造数百万种产品。他们分析产品和系统对环境和使用者的影响。他们应用工程知识改进许多事物,包括医疗保健质量、食品安全和金融系统的运作。

许多人被数学和科学吸引而开始学习工程学。一些人则转向工程职业,因为他们对技术以及日常事物是如何运作的感兴趣,或者想更深入地了解那些较罕见的事物是如何运转的。越来越多的人对工程师充满兴趣,因为工程师可能对清洁水、可再生能源、可持续基础设施和救灾等全球性问题产生重大影响。

工程学与数学、科学等学科都是截然不同的。工程师的目标一直是构建一个设备,该设备能够执行以前无法完成的或无法如此准确、快速或安全地完成的任务。在实际切割任何金属或构建硬件模型之前,工程师使用数学工具和科学方法,在纸上和计算机中进行模拟,完善设计,从而减少设计模型数量。如

图 1-13 所示，"工程"可以定义为与数学、科学、计算机模拟和硬件相关活动的交集。

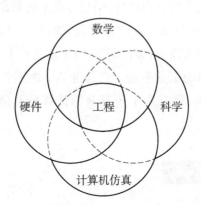

图 1-13　数学、科学、软硬件等多方面结合成就了工程

2）工程对社会和环境的影响

"只有清澈的小溪流过家园，我们才能幸福地歌唱……"，在 2004 年世界工程师大会上，智利大学阿尔法罗教授吟诵的一首墨西哥民谣，引起了全场工程师的共鸣。

科学技术具有两面性，其积极的一面是推动行业技术进步、促进经济社会发展，造福人类；消极的一面是如果应用不当，可能给人类社会的生存和发展带来负面影响。

（1）对社会有利的一面。社会发展的历史证明，科技革命极大地推动了社会的进步。18 世纪 70 年代，科学家发明了蒸汽机，它是将蒸汽的能量转换为机械功的往复式动力机械，称为原动机，这也是力学和热学的发展，以此为主要标志的科技革命推动了英国、爱尔兰、荷兰、法国等西欧各个国家相继完成了第一次产业革命，使资本主义迅速过渡到机器大工业，为资本主义生产方式的建立奠定了物质基础。

19 世纪末 20 世纪初，以电力发明为标志的科技革命（电学方面的巨大贡献者）使电力取代蒸汽机成为新的动力，使得社会生产力又一次得到迅速发展。20 世纪中期以后，人类对自然界的认识不断深化，以原子能技术、电子计算机和空间技术的发展与应用为主要标志的第三次工业革命正在兴起，出现了信息化高科技新时代，如信息技术、新材料、新能源、生物工程、海洋工程等，由此推动了人类社会由工业经济形态，向信息社会或知识经济形态过渡。

　　由此可见,每一次的科学技术革命都不同程度地引起人们生活方式、生产方式和思维方式的深刻变化和社会的巨大进步。马克思对科学技术的伟大历史作用可以精辟的概括为历史的有力杠杆、最高意义上的革命力量。

　　目前,我们正面临第四次工业革命时代,如图 1-14 所示。第四次工业革命,是以人工智能、机器人技术、虚拟现实、量子信息技术、可控核聚变、清洁能源以及生物技术为突破口的工业革命。它是继第一次工业革命的蒸汽技术、第二次工业革命的电力技术、第三次工业革命的计算机及信息技术的又一次科技革命。

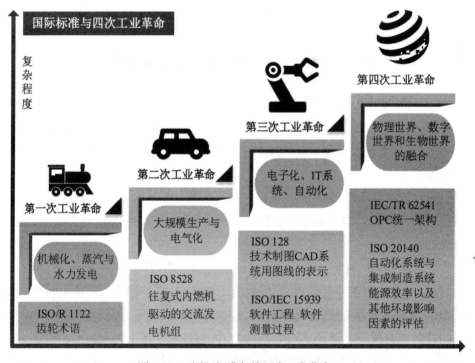

图 1-14　国际标准与第四次工业革命

　　(2) 对社会不利的一面。随着社会经济的发展,人类的社会需求日益增长,在推进科学技术快速发展的同时,也因各种原因产生了科学技术应用不当的情况,给社会及环境带来了较大的负面影响。如工业生产所产生的污染物对水体及大气的污染,大型施工对环境及生态的影响等。

　　工业生产所排放的"废水、废渣、废气"中含有多种有毒、有害物质,这些物质若不经妥善处理,如未达到规定的排放标准而排放到大气、水域、土壤中,超过环境自净能力的容许量,就对环境产生了污染,从而破坏生态平衡和自然资源,影响工农业生产和人体健康,污染物在环境中发生物理的和化学的变化后就又产生了新的物质。

1.4　国内外工程教育

目前,受到全世界瞩目的高等工程教育更加强调能力训练和品德养成。随着科技的迅猛发展,工程教育理念的创新发展以及工程教育模式的改革创新使得工程教育对人才培养的重要性日益凸显,因此,世界各国更加关注工程教育理念的创新,特别是工程教育模式的改革创新顺势而发。

1.4.1　国外工程教育模式

1) 成果导向教育

美国、英国、加拿大等发达国家教育改革的主流理念——成果导向教育已被工程教育专业认证完全采纳。用成果导向教育理念引导我国工程教育改革具有重要的现实意义。

成果导向教育(outcome based education,OBE)亦称能力导向教育、目标导向教育或需求导向教育,它作为一种先进的教育理念,由 Spady(美国学者)等人于 1981 年提出后,很快得到了人们的重视与认可,并已成为很多发达国家教育改革的主流理念。

OBE 的主要思想是围绕所有学生毕业时必须具备的能力去组织一切教育元素:首先要清晰地确定学生能做到什么;其次组织课程、教学和考评;最后确保所期望的学习成果最终能够取得。

OBE 具体关注的是五个方面的问题,包括我们让学生取得的学习成果是什么;我们为什么要让学生取得这样的学习成果;我们如何有效地帮助学生取得这些学习成果;我们如何知道学生已经取得了这些学习成果;我们如何保障让学生能够取得这些学习成果。

OBE 这个术语自 20 世纪 80 年代到 90 年代早期就在美国教育界十分流行。美国学者 Spady 撰写的《基于产出的教育模式:争议与答案》对 OBE 模式的定义与内涵进行了深入研究,认为 OBE 模式就是要清晰地聚焦和组织教育系统,使之确保学生在未来生活中能够获得实质性的成功经验。OBE 模式是教育范式的转换,学生学到了什么和是否成功远比怎样学习和什么时候学习更重要。

澳大利亚教育部门把 OBE 定义为基于实现学生特定学习产出的教育过程。教育结构和课程被视为手段而非目的。如果它们无法为培养学生特定能力做出贡献,它们就要被重建。学生产出驱动教育系统运行。特克认为:outcomes-based education 与 outcomes focused education(OFE)是同义词。无论是 OBE 还是 OFE,都是学习产出驱动整个课程活动和产出评价的结构与系统。

虽然 OBE 的定义繁多,但其共性较为明显。在 OBE 教育系统中,教育者必须对学生毕业时应达到的能力及其水平有清楚的构想,然后设计适宜的教育结构来保证学生达到这些预期目标。学生产出而非教科书或教师经验成为驱动教育系统运作的动力,这显然与传统的内容驱动和重视投入的教育形成了鲜明对比。从这个意义上说,OBE 教育模式可认为是一种教育范式的革新,图 1 - 15 所示为 OBE 成果导向的教育图解。

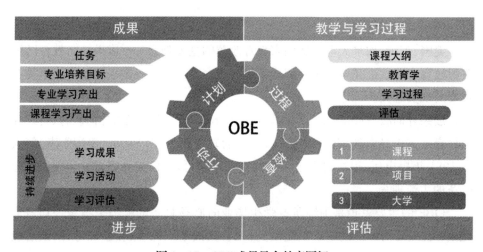

图 1 - 15 OBE 成果导向教育图解

2) CDIO 工程教育模式

从 2000 年起,麻省理工学院和瑞典皇家工学院等四所大学组成的跨国研究机构,获得 Knut and Alice Wallenberg 基金会近 2 000 万美元巨额资助,经过四年的探索研究,创立了 CDIO 工程教育理念,并成立了以 CDIO 命名的国际合作组织。CDIO 代表 conceive(构思)、design(设计)、implement(实现)和 operate(运作),它以产品研发到产品运行的全生命周期为载体,让学生以主动的、实践的、课程之间有机联系的方式学习工程。目前,CDIO 工程教育模式已成为国际工程教育研究改革的最新成果。

CDIO 工程教育模式包含 1 个愿景、1 个大纲和 12 条标准三个核心文件。CDIO 的愿景就是为学生提供一种这样的工程教育环境和方式：强调工程基础，建立真实世界的产品和系统，通过构思-设计-实现-运行（CDIO）全过程学习工程知识。CDIO 的培养大纲将毕业生的能力分为四个层面，并以逐级细化的方式表达出来（3 级、70 条、400 多款），方向明确、系统性强。四个层面的能力包括工程基础知识、个人能力、人际团队能力和工程系统等全过程，并要求以综合的培养方式，使学生在这四个层面上达到预定目标。

CDIO 继承和发展了欧美几十年工程教育改革的理念，系统地提出了具有可操作性的能力培养、全面实施以及检验测评的 12 条标准，对 CDIO 模式的实施和检验进行了系统的、全面的指引，使得工程教育改革具体化、可操作、可测量（包括学生和教师）。目前，世界几十所著名大学都加入了 CDIO 组织，并全面采用 CDIO 工程教育理念和教学大纲。根据 2005 年瑞典国家高教署（Swedish National Agency for Higher Education）对本国工程学位计划评估的结果，采用 CDIO 模式的 12 条标准更利于提高教育质量，效果良好。因此，CDIO 体现了系统性、科学性和先进性的统一，代表了当代工程教育的发展趋势。图 1-16 为 CDIO 工程教育模式的概念图解。

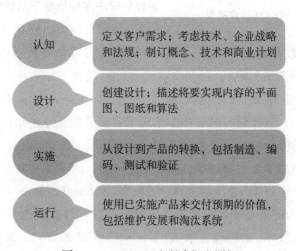

图 1-16　CDIO 工程教育概念图解

3）美国 STEAM 教育模式

在 STEAM 教育体系中，科学（science）在于认识世界、解释自然界的客观规律；技术（technology）和工程（engineering）则是以认识的客观规律为基础，能动地改造世界,解决社会发展过程中遇到的各种难题,以达到控制和利用自然界的目的;数学(mathematics)是技术与工程学科的基础工具,是认识自然和改造社会的工具和手段,包括多学科知识的协同应用。

STEAM 教育强调技术和工程结合,艺术和数学结合,科学和工程结合,并要求学生在体验式的过程中,提升动手和动脑的能力、团队协作的能力、沟通和表达的能力。融合的 STEAM 教育具备新的核心特征:跨学科、体验性、情境性、协作性、设计性、艺术性。STEAM 教育的重点包括如下五个方面:一是科学素养,即运用科学知识(如物理、化学、生物科学和地球空间科学)理解自然界并参与影响自然界的过程;二是技术素养,也就是使用、管理、理解和评价技术的能力;三是工程素养,即对技术工程设计与开发过程的理解;四是艺术素养,集中了精致艺术、人文艺术等诸多内容,关注学生艺术素养的培养,强调以艺术的眼光理解和解释世界;五是数学素养,也就是学生发现、表达、解释和解决多种情境下的数学问题的能力。STEAM 教育模型如图 1-17 所示。

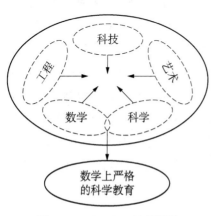

图 1-17 STEAM 教育模型

STEAM 教育源于 STEM。1986 年美国国家科学委员会发表《本科的科学、数学和工程教育》报告。2006 年 1 月 31 日,美国总统布什在其国情咨文中公布一项重要计划——《美国竞争力计划》(American Competitiveness Initiative, ACI),该计划提出培养具有 STEM 素养的人才是知识经济时代教育目标之一,并称其为全球竞争力的关键。由此可见,美国不断在 STEM 教育方面加大投入,鼓励学生主修科学、技术、工程和数学,培养其科技理工素养。

2009 年 1 月 11 日,美国国家科学委员会(National Science Board,以下简称委员会)代表 NSF 发布致美国当选总统奥巴马的一封公开信——《改善所有美国学生的科学、技术、工程和数学(以下简称 STEM 教育)》。该公开信明确指出:美国保持科学和技术的世界领先和指导地位是国家经济繁荣和安全的要求,并敦促新政府抓住这个特殊的历史时刻,动员全国力量支持所有的美国学生发展高水平的 STEM 知识和技能。

2011 年,奥巴马总统推出了旨在确保经济增长与繁荣的新版《美国创新战略》。2011 年 3 月 24 日至 26 日,由美国技术教育协会在美国明尼苏达州明尼阿波利斯市主办的第 73 届国际技术教育大会的主题为"准备 STEM 劳动力：为了下一代"。

2016 年 9 月 14 日,美国研究所与美国教育部联合发布旨在推进 STEM 教育创新研究和发展的《教育中的创新愿景》(STEM 2026：A Vision for Innovation in STEM Education)报告,提出了实践社区、活动设计、教育经验、学习空间、学习测量、社会文化环境等六个方面的愿景,以确保各年龄阶段以及各类型的学习者,都能享有优质的 STEM 学习体验,解决 STEM 教育公平问题,进而保持美国的竞争力。

1.4.2　中国工程教育现状

1) 中国工程教育概况

"师徒相授"是中国古代工程教育的传统,19 世纪 60 年代的洋务运动是中国近代工程教育的开端。新中国成立后,中国的工程教育得到快速发展。

2014 年 11 月教育部发布了首份《中国工程教育质量报告(2013 年度)》。报告显示,截至 2013 年,我国普通高校工科毕业生数达到 2 876 668 人,本科工科在校生数达到 4 953 334 人,本科工科专业布点数达到 15 733 个,这些指标均占全国高等学校总指标数的 1/3 左右,总规模位居世界第一,工程教育已成为我国高等教育的重要组成部分。

2014 年 6 月 2 日,由联合国教科文组织、国际工程与技术科学院理事会(CAETS)和中国工程院联合举办的 2014 年国际工程科技大会在北京召开,大会主题为"工程科技与人类未来"。国家主席习近平在"让工程科技造福人类、创造未来"的大会演讲中强调,中国拥有 4 200 多万人的工程科技人才队伍,这是中国开创未来最可宝贵的资源。

2018 年 7 月 19 日,教育部公布的 2017 年全国教育事业发展统计公报显示,截至 2017 年,全国共有普通高等学校 2 631 所(含本科院校和高职专科学校),各类高等教育在学总规模达到 3 779 万人,高等教育入学率达到 45.7%,工科学生占普通高等教育在校生人数总数的比例超过 30%。

教育部发布的 2020 年全国教育事业统计结果表明,发展至 2020 年,全国共有各级各类学校 53.71 万所,在校生 2.89 亿人,其中各种形式的高等教育在学总规模为 4 183 万人,高等教育入学率 54.4%。今天的中国已成为工程教育大国,为国家培养了大批优秀的创新人才,对中国的科技创新和现代化建设,发挥了重要的引领和推动作用。

为有效提升工程教育质量,推进工程教育国际化,教育部自 2006 年启动工程教育专业认证试点工作以来,成效显著。根据教育部高等教育教学评估中心官网发布的《关于发布已通过工程教育认证专业名单的通告》,截至 2020 年底,全国共有 257 所普通高等学校 1 600 个专业通过了工程教育认证,涉及机械、仪器等 22 个工科专业类。

2)中国工程教育专业认证

2004 年 11 月,中国工程院教育委员会向国务院提出了《关于大力推进我国注册工程师制度与国际接轨的报告》,建议加快推进我国的注册工程师制度并与国际接轨,同时建议加入国际互认组织《华盛顿协议》。

2005 年,18 个部委及行业组织联合成立了全国工程师制度改革协调小组,启动我国工程师制度改革工作,中国开始建设工程教育认证体系,逐步开展工程专业认证工作,并把实现国际互认作为重要目标。

2006 年,为了推进我国工程教育改革,做好加入《华盛顿协议》的准备,同时为了探索建立我国的注册工程师制度,促进工程教育与工业界的联系,教育部会同有关部门正式启动了工程教育专业认证工作,并在机械、电气、计算机、化工4 个专业开展试点。

2012 年,我国认证制度初步形成,基本达到了"国际实质等效"的要求,正式向国际工程联盟提出申请。2013 年,在国际工程联盟大会上,我们的申请获得通过,我国成为临时成员。

2014 年 10 月到 2016 年 3 月,《华盛顿协议》组织先后 4 次派专家对我国进行现场考察,考察了认证机构,观摩了 4 所高校 8 个专业的认证现场,参加了两次认证结论审议会,并与众多认证专家进行了沟通交流。经过考察,专家组对我国的认证体系和认证工作质量给予了高度评价,在考察报告中明确提出我国的认证体系具有国际实质等效性,建议《华盛顿协议》全会同意我国的转正申请。

2016 年 6 月,在马来西亚吉隆坡举行的国际工程联盟大会上,《华盛顿协议》组织全票通过了我国的转正申请。至此,我国成为《华盛顿协议》第 18 个正式成员。这是我国高等教育发展进程中的一个重要里程碑,标志着我国工程教育质量得到了国际社会的认可,我国高等教育国际话语权和影响力大大提升。

中国工程教育专业认证是通过第三方——中国工程教育专业认证协会来实现工程教育质量的国际互认的。2010 年 11 月 9 日,教育部高教司正式发函《关于公布全国工程教育专业认证专家委员会机械类专业认证分委员会人员名单及工作办法的通知》(教高司函〔2010〕1264 号),批准该分委员会成立秘书处。
图 1-18 为机械类专业认证委员会组织结构图。

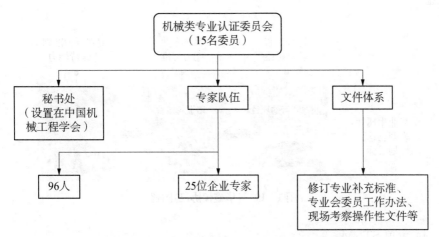

图 1-18　机械类专业认证委员会组织结构图

机械专业认证委员会的秘书处设置在中国机械工程学会,由中国机械工程学会和机械类专业认证分委员会分别委派专、兼职工作人员组成。我国的工程教育认证经过 10 多年发展,已逐步建立了相对成熟完备并与国际实质等效的工程教育认证体系。截至 2018 年,我国已经在 31 个工科专业类的 18 个专业类中开展了认证。10 多年来的认证工作经验表明,课堂教学已经成为工程教育改革的“最后一公里软肋”。

截至 2020 年底,全国通过工程教育认证有 257 所高等学校 1 600 个专业。这些专业分布于机械、化工、电子信息等 22 个工科专业类。清华大学、上海交通大学、天津大学、北京理工大学等大部分双一流建设高校以及几乎所有的优势、传统工科高校都已参加认证,其中 171 个机械类专业已通过认证。

3)《华盛顿协议》简介

《华盛顿协议》是一项工程教育本科专业认证的国际互认协议,1989 年由美国、英国、加拿大、爱尔兰、澳大利亚、新西兰 6 个国家的工程专业团体发起成立,旨在建立共同认可的工程教育认证体系,实现各国工程教育水准的实质等效,促进工程教育质量的共同提高,为工程师资格国际互认奠定基础。

国际工程联盟目前包括《华盛顿协议》《悉尼协议》《都柏林协议》《国际职业工程师协议》《亚太工程师协议》和《国际工程技术员协议》等六个协议,其中《华

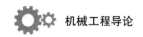

盛顿协议》是国际工程师互认体系中最具权威、国际化程度较高、体系较为完整的协议,是加入其他相关协议的门槛和基础。图 1 - 19 为《华盛顿协议》的图解。

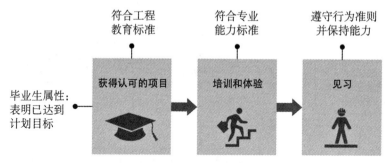

图 1‑19　《华盛顿协议》图解

4)中国 STEM

美国的教育界比较关注世界其他国家的工程教育改革与发展。托马斯·弗里德曼在《世界是平的》一书中比较了美国与中国及欧洲国家在科学、技术、工程和数学领域中授予学士学位的情况。在中国,有 60% 的学生被授予这些领域的学位,而在美国这一比例只有 17%。托马斯·弗里德曼认为,在科学和技术占主导地位的世界,科学、技术、工程和数学是一个国家竞争力的重要因素,正在增强一个国家的竞争力。这使美国感到自己已经不再是世界创新产权的绝对拥有者,其经济领袖地位受到考验与挑战。

2016 年教育部出台的《教育信息化"十三五"规划》中明确指出要有效利用信息技术推进"众创空间"的建设,探索 STEM 教育、创客教育等新教育模式,使学生具有较强的信息意识与创新意识,养成数字化学习习惯,具备重视信息安全、遵守信息社会伦理道德与法律法规的素养。

5)卓越工程计划

"卓越工程师教育培养计划"(简称"卓越计划")是教育部贯彻落实《国家中长期教育改革和发展规划纲要(2010—2020 年)》和《国家中长期人才发展规划纲要(2010—2020 年)》的重大改革项目,也是促进我国由工程教育大国迈向工程教育强国的重大举措。该计划旨在培养造就一大批创新能力强、适应经济社会发展需要的高质量工程技术人才,为国家走新型工业化发展道路、建设创新型国家和人才强国战略服务,对促进高等教育面向社会需求培养人才,全面提高工程教育人才培养质量具有十分重要的示范和引导作用。

2010 年 6 月 23 日,教育部在天津大学召开"卓越工程师教育培养计划"启动会,教育部党组成员、部长助理林蕙青主持会议,教育部党组副书记、副部长陈希出席会议并讲话,要求联合有关部门和行业协(学)会,共同实施"卓越计划"。工信部、人社部、财政部等 22 个部门和单位的有关负责同志、"卓越计划"专家委员会的部分院士、20 多家企业的代表和 60 多所高校的院校长等参加了会议。

"卓越计划"的主要目标是面向工业界、面向世界、面向未来培养造就一大批创新能力强、适应经济社会发展需要的高质量各类型工程技术人才,为建设创新型国家、实现工业化和现代化奠定坚实的人力资源优势,增强我国的核心竞争力和综合国力。以实施"卓越计划"为突破口,促进工程教育改革和创新,全面提高我国工程教育人才培养质量,努力建设具有世界先进水平、中国特色的社会主义现代高等工程教育体系,促进我国从工程教育大国走向工程教育强国。

"卓越计划"的基本原则是遵循行业指导、校企合作、分类实施、形式多样的原则。联合有关部门和单位制订相关的配套支持政策,提出行业领域人才培养需求,指导高校和企业在本行业领域实施卓越计划;支持不同类型的高校参与卓越计划,高校在工程型人才培养类型上各有侧重;参与卓越计划的高校和企业通过校企合作途径联合培养人才,要充分考虑行业的多样性和对工程型人才需求的多样性,采取多种方式培养工程师后备人才。

"卓越计划"实施领域包括传统产业和战略性新兴产业的相关专业。要特别重视国家产业结构调整和发展战略性新兴产业的人才需求,适度超前培养人才。卓越计划实施的层次包括工科的本科生、硕士研究生、博士研究生,培养现场工程师、设计开发工程师和研究型工程师等多种类型的工程师后备人才。

1.5 机械工程人才的培养目标与要求

人才培养的质量、规格和水平由人才培养目标规定。高等教育发展的不同阶段对人才培养目标的要求不同;人才培养层次不同,培养目标也不同。结合国内外人才培养现状,根据工程教育认证要求,江苏科技大学机械设计制造及其自动化专业人才培养方案如下。

1.5.1 人才培养目标

机械设计制造及其自动化专业应适应国家装备制造业及相关行业的发展需

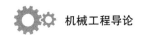

要,培养在跨文化和多学科背景下,能够考虑社会、健康、安全、法律、文化及环境等因素,具有创新意识,从事机械设计制造、设备维护、技术开发、科学研究、生产组织管理等工作,能解决复杂工程问题的机械工程师与优秀专业人才。

预期毕业生在毕业后 5 年左右能够获得如下的职业成就:

(1) 能适应装备制造业及相关行业的技术发展,认识工程实践对客观世界和社会的影响;了解相关法律法规、熟悉行业标准,深化自身的知识基础,扩展自身能力,在职业生涯上取得进步。

(2) 能基于良好的科学知识和工程实践活动,运用科学方法和观点并使用现代工具分析、设计及研究机械制造装备和制造工艺;运用管理科学原理与经济决策方法设计及实施工程解决方案,参与解决方案效果的评价并提出改进方案,以满足企业、机构和用户的需求。

(3) 能基于工程实践活动,在跨文化和多学科背景下,具有良好的国际视野和沟通技巧,善于与相关人员进行书面或口头沟通;正确认识自己在项目团队中的角色,根据相关的质量标准、程序开展工作,胜任装备制造业及相关行业的工作。

(4) 能在从事专业相关活动中,全面考虑社会、健康、安全、法律、文化及环境等因素;具备社会责任感并坚守职业道德规范,具有想象力、创造力以及革新能力,成为装备制造业及相关行业的专业人士,并持续自我发展。

1.5.2 专业知识能力要求

该专业学生要具有创新能力和创新精神。创新能力又包括两个方面,一方面是解决问题的能力,因此需要掌握科学知识、数学知识、专业知识、计算机及其他相关的知识。其中,科学知识包括力、热能、能量等;数学知识包括基础知识、统计、数列、矩阵等;专业知识包括基本原理、设计、实践等;计算机知识包括计算机辅助设计(CAD)、计算机辅助工程(CAE)、计算机辅助制造(CAM);其他知识包括生命、经济、社会、环境。另一方面是沟通能力,需要掌握画图、写作、口头沟通、文献检索、语言方面的能力。其中,画图包括画二维图、三维图、图表、草图;写作包括笔记、报告、论文、专利;口头沟通包括对话、PPT 展示、演讲;文献检索包括检索网站、专利、论文、标准规范;语言包括英文和中文。创新精神既需要具有开放、多元化、包容、接受良好教育的态度,又需要三个层次的递进:发现问题、提出问题、解决问题,三个层次分别对应新思路、新方法、新装置。机械设计制造及其自动化专业人才的能力结构与知识体系如图 1-20 所示。

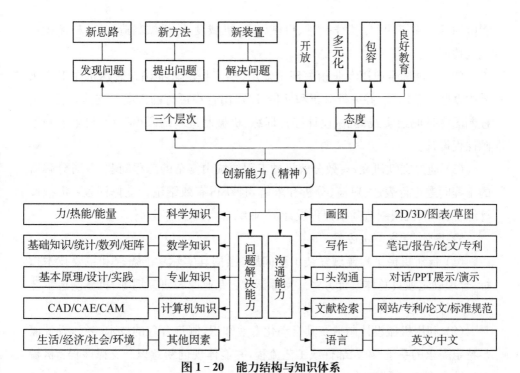

图 1-20　能力结构与知识体系

下面,我们来介绍专业知识包含哪些内容。

1) 工程知识

(1) 掌握数学、自然科学等基础知识,并将其运用于机械工程领域复杂工程问题的恰当表述中。支撑课程:高等数学、概率论与数理统计、线性代数、大学物理。

(2) 掌握工程力学、电工电子技术、计算机等基础知识,并将其运用于解决机械工程领域复杂工程问题的具体过程中。支撑课程:理论力学、材料力学、热工基础、电工电子技术、计算机程序设计语言(VC++)。

(3) 掌握机械设计、机械制造等专业知识,并将其运用于解决机械工程领域中的复杂工程问题中。支撑课程:工程图学、机械原理、机械设计、互换性与测量技术、机械制造工艺学。

(4) 掌握与机械制造自动化相关的专业知识,并将其运用于解决机械工程领域中的复杂工程问题中。支撑课程:数控加工技术、机械工程测试技术、机械控制工程基础、微机原理与应用、液压与气压传动。

2) 问题分析

(1) 能够准确识别、判断机械工程领域中复杂工程问题的关键环节和主要

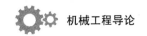

影响因素。支撑课程：大学物理、机械原理、机械设计、机械制造基础、机械设备电气控制。

（2）能够综合应用专业相关理论知识，用工程语言准确地表达机械工程领域中复杂工程问题，并进行分析和评价，以得出合理可行的方案。支撑课程：工程制图零件测绘实践、机械设计综合训练、机械制造基础课程设计、机电控制基础课程设计。

（3）通过文献研究，有效分解机械工程领域中复杂的工程问题，并对分解后的工程问题进行表达、建模、分析和求解，且获得有效结论。支撑课程：机械设计综合训练、机械制造基础课程设计、专业综合实训、毕业设计。

3）设计/开发解决方案

（1）针对机械工程领域复杂工程问题，根据其实际功能需求和主要技术指标，合理确定项目总体设计方案。支撑课程：专业课题研究训练、机械制造工艺装备设计、专业综合实训、毕业设计。

（2）利用机械设计制造及其自动化专业知识，制订合理的技术路线，设计满足特定需求的系统、单元部件或工艺流程，并能体现创新意识。支撑课程：机械设计综合训练、专业综合实训、毕业设计。

（3）能够用工程图纸、技术报告或实物装置等形式，有效呈现相关设计成果。支撑课程：机械设计综合训练、专业综合实训、毕业设计。

（4）了解机械产品设计开发对社会、健康、安全、法律、文化以及环境等的影响，能够从工程角度正确处理设计方案实施过程中可能存在的问题，并提出有效的解决办法或改进措施。支撑课程：工程化学、机械制造基础、企业实习、毕业设计。

4）信息综合分析

（1）能够基于数学、自然科学的基础理论知识对与机械工程相关的各类物理和化学现象、材料特性以及工程问题进行分析研究和实验验证。支撑课程：高等数学、大学物理、理论力学、材料力学、热工基础。

（2）能够基于机械工程科学原理及方法对机械零部件、结构装置、自动化系统等工程问题进行研究，包括制订实验方案，搭建实验系统并完成相关实验。支撑课程：机械原理、机械设计、机械工程测试技术、机械控制工程基础、专业综合独立授课实验。

（3）对实验数据进行分析处理，形成对实验结果的有效性分析和判断，并通过信息综合得到有效结论。支撑课程：概率论与数理统计、物理实验、电工电子技术实验、专业综合独立授课实验。

5）使用现代工具

（1）能应用典型 CAD/CAE 软件进行机械产品结构的数字化设计、仿真及优化分析，并理解其局限性。支撑课程：工程图学、工程流体力学、机械设计综合训练、专业综合实训、专业综合独立授课实验。

（2）在机械制造过程中，掌握典型的 CAD/CAM 软件或数控加工工艺仿真软件，并理解其局限性。支撑课程：数控加工技术、专业综合独立授课实验。

（3）在机械制造自动化系统设计过程中，应用典型仿真分析软件完成相应仿真分析，并理解其局限性。支撑课程：线性代数、机械设备电气控制、液压与气压传动、微机原理与应用、机电控制基础课程设计。

（4）熟练运用文献检索工具，有效获取机械工程领域相关理论与技术的最新研究进展。支撑课程：机械工程导论、毕业设计。

6）工程与社会

（1）具有在船舶行业和装备制造类企业进行工程实习和社会实践的经历，熟悉典型机械加工设备、产品设计制造流程和企业组织管理方式。支撑课程：工程基础训练（金工）、企业实习。

（2）熟悉与机械工程领域相关的技术标准和法律法规，尊重保护知识产权。支撑课程：思想道德修养与法律基础、机械工程导论、形势与政策、形势与政策实践、职业生涯与发展规划。

（3）能够客观评价机械新产品、新技术和新工艺的开发和应用对社会、健康、安全、法律以及文化的影响。支撑课程：机械制造基础、机械制造工艺学、毕业设计。

7）环境与可持续发展

（1）理解环境保护和社会可持续发展的内涵和意义。支撑课程：工程化学、机械制造基础、机械工程导论。

（2）了解与环境保护和社会可持续发展相关的法律法规和方针政策，能够客观评价针对机械工程领域复杂工程问题的工程实践对环境、社会可持续发展的影响。支撑课程：思想道德修养与法律基础、工程化学、企业实习、毕业设计。

8）职业规范

（1）具有良好的人文艺术和社会科学素养，正确理解社会主义核心价值观，具有强烈的社会责任感。支撑课程：中国近代史纲要、马克思主义基本原理、毛

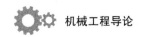

泽东思想和中国特色社会主义理论体系概论、形势与政策。

（2）了解机械工程师的职业性质，并在工程实践中自觉遵守职业道德和规范，履行相应责任。支撑课程：就业指导、职业生涯与发展规划、工程基础训练（金工）、企业实习。

9）个人和团队

（1）正确理解个人与团队的关系，能独立完成团队分配的工作，并胜任团队成员的角色和责任。支撑课程：体育、军事技能训练、企业实习、专业综合独立授课实验。

（2）具有一定的组织管理才能，能在多学科背景下的团队中协调开展工作，能主动与其他学科成员共享信息、合作共事。支撑课程：创业基础、专业课题研究训练、专业综合独立授课实验、第二课堂。

10）沟通与交流

（1）能够通过项目汇报、工程图纸、技术报告、网络媒体等多种表达形式，就机械工程领域复杂工程问题与业界同行及社会公众进行有效的沟通和交流。支撑课程：毕业设计、企业实习。

（2）掌握一门外国语，具有一定的国际视野和良好的听说读写等能力，能在跨文化背景下进行有效沟通和交流。支撑课程：大学英语、英语网络自主学习。

（3）了解机械工程技术领域的国内外发展动态和热点问题，能独立、清晰地表达自己的思想或见解。支撑课程：机械工程导论、企业实习、毕业设计。

11）项目管理与决策

（1）理解机械工程生产活动涉及的管理学基本知识。支撑课程：企业实习、工程基础训练（金工）、毕业设计。

（2）能够在解决复杂工程问题时具有主动考虑经济成本的意识。支撑课程：企业管理概论、工业工程技术与应用、毕业设计。

12）学习意识

（1）能正确认识持续不断学习的必要性，具有自主学习和终身学习的意识。支撑课程：机械工程导论、创业基础、毛泽东思想和中国特色社会主义理论体系概论。

（2）具有终身学习的知识基础，掌握自主学习的方法，具有不断适应职业发展要求的主动学习能力。支撑课程：大学英语、英语网络自主学习、马克思主义基本原理概论、职业生涯与发展规划。

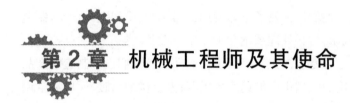

第2章 机械工程师及其使命

本章以列举工程师在工程实践中的重要地位为基础,详细介绍了机械工程师的岗位职责与道德规范,深入剖析工程师的职业道路,引导学生重视大学时代的知识学习;介绍了机械工程师资格认证过程与方法,以及参与社团组织的目的与意义;最后给出机械工程师在推动科技进步中的挑战、责任与历史担当,以激发他们的学习兴趣以及培养其报效国家和人民的精神。

2.1 机械工程师

通常认为,工程师是指具有从事工程活动方案策划,以及工程系统操作、设计、管理和评估能力的技术人员。具有"工程师"这一称谓的人员,应在工程学的某一范畴内拥有专业性学位或等效工作经验,是职业水平评定(职称评定)的一种。

2.1.1 机械工程师及重要性

一般认为,工程师就是以工程为职业的人。机械工程包括力、材料、能量、流体和运动等元素,以及这些元素的应用,以设计出促进社会发展和改善人们生活质量的产品。机械工程师是指在机械工程行业从事机电产品/系统设计制造与维护等工作,并且具备一定工程实践经验和水平的人。机械工程师一般分为三个级别:初级机械工程师、中级机械工程师、高级机械工程师。机械工程师是指这三个级别工程师的统称,还可以专指中级机械工程师。

美国劳工部对这一职业的描述如下:机械工程师研究、开发、设计、制造和测试工具、发动机、机器和其他机械设备,包括发电机、内燃机、蒸汽和燃气轮机

以及喷气和火箭发动机。他们还开发了电力使用机器,如制冷和空调设备,制造工业中使用的机器人、机床、材料处理系统和工业生产设备。

机械工程师以其广泛的专业知识和机器工作而闻名。他们设计制造的产品包括汽车安全气囊中使用的微型机电加速度传感器;办公楼的供暖、通风和空调系统;陆地、海洋和太空机器人探测车辆(见图2-1);重型越野施工设备;混合动力汽油电动汽车;齿轮(见图2-2)、轴承和其他机器部件。机械工程师使用各种类型的齿轮作为构件组件来制造机械和动力传输设备、人工髋关节植入物、深海研究船、机器人制造系统、心脏瓣膜,甚至将其用于探测爆炸物的无创设备和行星际探测航天器(见图2-2)。火星探测车是一个移动地质实验室,用于研究火星上水的历史。机械工程师为这些机器人车辆的设计、推进、热控制等做出了贡献。

图 2-1　火星探测车　　　　　　图 2-2　各种类型的齿轮

根据就业统计数据,机械工程是最大的工程领域之一,它通常被描述为可提供最大的职业选择灵活性。2013 年,在美国约有 258 630 人受雇为机械工程师,占所有工程师的 16% 以上。该学科与工业、航空航天和核工程技术领域密切相关,因为这些领域在历史上都是从机械工程中拆分出来的。机械、工业、航空航天和核工程领域的工程师几乎占所有工程师人数的 39%。预计生物技术、材料科学和纳米技术等新兴领域将为机械工程师创造新的就业机会。2014 年,美国劳工统计局预计到 2022 年机械工程岗位将增加近 20 000 个。获得机械工程学位的工程师也可以在其他工程专业中就业,如制造工程、汽车工程、土木工程或航空航天工程。

虽然通常认为机械工程在传统工程领域中包含的内容是最广泛的,但机械工程师仍然可以在自己感兴趣的行业或技术方面做得更加专业化。例如,航空工业的工程师可能将其职业生涯的重点放在研究控制飞机飞行的电传操纵系统上。

最重要的是,机械工程师能够制造出可用的硬件。工程师对公司或其他组织的贡献最终将根据其设计制造的产品,是否按预期运行进行评估。机械工程师设计的设备由公司生产,然后出售给公众或工业客户。在该商业周期中,客户生活的某些方面得到改善,整个社会从技术进步和工程研发提供的额外机会中获益。

2.1.2　机械工程师的岗位职责与道德规范

1)岗位职责要求

机械工程师的岗位职责包含以下内容。

(1)机械设备的日常巡检。

(2)配合副高级工程师完成机械设备操作和维护保养规程的编写。

(3)指导维保单元完成机械设备的检修。

(4)根据需要进行有关机械设备的员工培训。

(5)根据要求进行机械设计。

(6)指导维保单元完成机械制作。

(7)寻找合适的外协厂家完成机械制作的外协加工任务。

(8)根据实际生产要求,对需要引进的设备提出技术要求。

(9)协助物资采购单元寻找合适的设备和零部件供应商。

(10)确认需要采购的金属和非金属材料规格并提出要求。

(11)确定机械易损件名称型号,并根据实际情况确定备件库存量。

(12)收集机械方面的技术材料,进行必要的技术储备。

(13)负责机械设备及有关零部件的图纸设计、安装和试运行。

(14)制订机械设备的操作规程。

(15)及时改造或调整机械设备中存在的缺陷,确保设备在良好的状态下运转。

(16)制订机械设备的预防性维修、保养及大修计划,并负责组织实施及检查维修工作,确保维修质量。

(17)对机械设备进行升级改造以提高机械效率。

(18)开发与设计机械零部件。

(19)绘制产品装配图及零部件图。

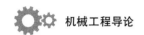

（20）负责管理从设备调试到设备大故障维修的履历,包括设备基本情况、维修书、改善报告书等相关文件的填写、归档存位以及定期整理工作。

（21）对图纸、说明书、产品样本进行分类管理,并测绘备件、修改图纸、确认以及会签。

（22）制订安装支援计划,验收、调试新设备,并向维修班讲解机械原理及修理要领,解决安装过程中存在的问题。

（23）制订、统计维修作业计划,制订周、月、年预防维修日历计划,制订点检预防计划。

（24）制订零部件维修内容、修理方案及技术要求。

（25）负责维保单元零部件维修管理工作。

（26）负责机械组固、建档、报废、报损等相关手续的办理。

（27）负责机械报表的汇总统计。

（28）掌握生产技术中心机械分布的动态情况。

（29）进行每月机械完好率、利用率的统计分析。

（30）参与机械设备的检查与评比。

（31）参与机械事故的调查、分析与处理。

（32）负责机械设备台账、润滑更换台账、维修台账的建立和更新。

（33）掌握和监督设备定人定机、持证上岗情况,验收外租机械进退场。

（34）组织机械保养计划下达、监督保养实施和维修的落实。

（35）进行机械使用和维修成本的统计与分析。

（36）参与法律法规及其他要求的识别和评价以及环境因素和危险源的辨识。根据自己的工作流程,提出意见和建议,并根据分工对评价出的重要环境因素和不可接受的风险制定目标、指标、管理方案以及应急预案。

（37）负责机械动力设备的正常运行、管理和维护工作。

（38）负责制订设备操作规程,负责制订公司所有大中型机械设备的大、中修措施计划并参与检修。

（39）参与组织指挥公司重点设备检修、安装工程,并对安装质量与施工安全负责。

（40）负责建立管理、维护设备台账和设备档案,做好机械设备的巡视和点检记录。

（41）负责解决和处理机械设备的质量、故障问题。

（42）负责各单元机械设备的协调及核算。

（43）负责矿山工程设备的技术与管理工作。

（44）负责工程设备的采购、验收、质量监督和成本控制等管理工作。

2）职业道德规范

职业道德规范是社会对特定职业群体及职业行为的期望。《机械工程师职业道德规范》（以下简称《规范》）是机械工程师职业道德行为的标准。本《规范》根据中华人民共和国《公民道德建设实施纲要》职业道德的基本内容，结合机械工程师的职业特点而制订。机械工程师应具备诚实、守信、正直、公正、爱岗、敬业、刻苦、友善、对科技进步永远充满信心、勇于攀登的品德；服务于公众、用户、组织及与专业人士协调共事的能力；勇于承担责任，保护公众的健康、安全，促进社会进步、环保和可持续发展的意识；中国机械工程学会的会员和认可的机械工程师，都应接受中国机械工程学会制订的《规范》，并自觉地将其作为始终如一的行为依据。该《规范》包含以下内容。

第一条　以国家现行法律、法规和中国机械工程学会规章制度规范个人行为，承担自身行为的责任。

（1）不损害公众利益，尤其是不损害公众的环境、福利、健康和安全。

（2）重视自身职业的重要性，工作中寻求与可持续发展原则相适应的解决方案和办法。正式规劝组织或用户终止影响和可能影响公众健康和安全的情况发生。

（3）应向致力于公众的环境、福利、健康、安全和可持续发展的他人提供支持。如果被授权，可进一步考虑利用媒体作用。

第二条　应在自身能力和专业领域内提供服务并明示其具有的资格。

（1）只能承接接受过培训并有实践经验因而能够胜任的工作。

（2）在描述职业资格、能力或刊登广告招揽业务时，应实事求是，不得夸大其词。

（3）只能签署亲自准备或在直接监控下准备的报告、方案和文件。

（4）对机械工程领域的事物只能在充分认识和客观论证的基础上出示意见。

（5）应保持自身知识、技能水平与对应的技术、法规、管理发展相一致，对于委托方要求的服务应采用相应技能，若所负责的专业工作意见被其他权威驳回，应及时通知委托方。

第三条　依靠职业表现和服务水准，维护职业尊严和自身名誉。

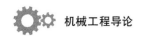

（1）提供信息或以职业身份公开做业务报告时应信守诚实和公正的原则。

（2）反对不公平竞争或者金钱至上的行为。

（3）不得以担保为理由提供或接受秘密酬金。

（4）不故意、无意、直接、间接有损于或可能有损于他人的职业名誉，以促进共同发展。

（5）引用他人的文章或成果时，要注明出处，反对剽窃行为。

第四条　处理职业关系不应有种族、宗教、性别、年龄、国籍或残疾等歧视与偏见。

第五条　在为组织或用户承办业务时要做忠实的代理人或委托人。

（1）为委托人的合法权益行使其职责，忠诚地进行职业服务。

（2）未获得特别允许（除非有悖公共利益），不得披露信息机密（任何他人现在或以前的所有商业或技术信息）。

（3）提示委托人行使委托权力时可能引起的潜在利益冲突。在委托人或组织不知情或不同意的情况下，不得从事与其利益冲突的活动。

（4）代表委托人或组织的自主行动，要公平、公正对待各方。

第六条　诚信对待同事和专业人士。

（1）有责任在事业上发展业务能力，并鼓励同事从事类似活动。

（2）有义务为接受培训的同行演示、传授专业技术知识。

（3）主动征求和虚心接受对自身工作的建设性评论；为他人工作诚恳提出建设性意见；充分相信他人的贡献，同时接受他人的信任；诚实对待下属员工。

（4）在被邀请对他人工作进行评价时，应客观公正，不夸大，不贬低，注重礼节。

应协助防止选拔出不合格或未满足上述职业道德规范的人成为机械工程师。若认为他人行为有悖《规范》，请告知注册部门。

2.1.3　机械工程师的职业道路

这一节将更深入地探讨未来机械工程师面临全球化、社会和环境等诸多问题时的职业选择。

由于各行各业都会聘用机械工程师，因此对于该专业难以一刀切地描述。

机械工程师可以作为设计师、研究人员和技术经理,在小型初创公司到大型跨国公司等各种规模的公司工作。机械工程师可以从事的工作如下所述。

(1) 为下一代混合动力汽车设计或分析任何部件、材料、模块或系统。

(2) 设计和分析医疗设备,包括残疾人辅助设备、外科和诊断设备、假肢和人造器官。

(3) 设计和分析高效的制冷、供暖和空调系统。

(4) 为任意数量的移动计算和网络设备设计和分析功率和散热系统。

(5) 设计和分析先进的城市交通和车辆安全系统。

(6) 设计和分析国家、城市、农村和人群更容易获得的可持续能源形式。

(7) 设计和分析下一代太空探索系统。

(8) 为各种消费产品设计和分析革命性的制造设备和自动化装配线。

(9) 管理多元化的工程师团队,开发全球产品平台,识别客户、市场和产品机会。

(10) 为任何行业提供咨询服务,包括化学、塑料和橡胶制造,石油和煤炭生产,电脑及电子产品,食品和饮料生产,印刷出版,公用事业,服务提供商等。

(11) 为国家航空航天局、国防部、国家标准与技术研究所、环境保护局和国家研究实验室等政府机构提供公共服务。

(12) 在高中、两年制大学或四年制大学教授数学、物理、科学或工程。

(13) 在法律、医学、社会工作、商业、销售或财务等行业工作。

从历史上看,机械工程师可以采用技术跟踪或管理跟踪机械工程师的职业生涯轨道。然而,由于新兴产品开发流程不仅需要了解技术问题,还需要了解经济、环境、客户和制造等问题,因此这些轨道之间的界限变得模糊。现在,全球各个团队利用多个地理区域的工程专业知识来共同完成工作。

历史上被称为"机械工程师"的职位现在有许多不同职称,可以反映职业性质的变化。例如,以下职称都需要机械工程学位(取自领先工作网站):产品工程师、系统工程师、制造工程师、可再生能源顾问、应用工程师、产品应用工程师、机械设备工程师、流程开发工程师、首席工程师、销售工程师、设计工程师、电力工程师、包装工程师、机电工程师、设施设计工程师、机械产品工程师、能效工程师、机电一体化工程师、项目捕获工程师、工厂工程师。

一个人在职业生涯中除了所需要掌握的职业技能和知识外,还需要保住工作以及争取更好的职业发展。乍一看,这些能力可能是非技术性的。机械工程师在处理工作任务时必须能够主动去寻找问题,并有效地处理问题,而且要在成功完成任务之外学习一些额外的知识。将任何工作网站上的工程职位需求进行快速浏览和了解，雇主非常重视机械工程师与各种不同背景的人进行口头及书面沟通的能力。事实上，那些愿意聘请工程师的公司经常将工程师是否拥有高效的沟通能力作为其是否具有职业抱负的重要的非技术指标。原因很简单，因为在产品开发的每个阶段，机械工程师都需要与各类人员进行合作，包括有主管、同事、营销、管理、客户、投资者和供应商等。工程师需要能够清楚地讨论和解释技术与业务概念，并能够与同事进行良好互动。这是因为，如果你有一个杰出的创新项目或技术突破，但你无法准确、信服地向别人传达你的理念，是很难让别人接受与认可的。

在美国，大约有150万人被聘为工程师。他们中绝大多数从事工业职业，只有不到10%的人受雇于联邦、州和地方政府。作为联邦雇员的工程师与美国国家航空航天局（NASA）或国防部（DOD）、交通部（DOT）和能源部（DOE）等组织有关。大约3⅓%～4%的工程师是自雇人士，主要从事咨询和创业工作。此外，工程学位的学生在各种有影响力的领域工作。在最近的标准普尔500名首席执行官（CEO）名单中，33%的人拥有工程本科学位，几乎是工商管理或经济学学位的3倍。类似的调查显示，财富50强中有28%的CEO拥有本科工程学位。在13个主要行业中，其中10个行业最欢迎有工程学位的人来担任首席执行官，包括商业服务、化学制品、通信、电力、煤气和卫生、电子元器件、工业和商业机械、测量仪器、石油和天然气开采、运输设备。这是可以理解的，因为工程师知道问题的成功解决始于有效的信息收集和合理的假设。他们极具创新性和直觉性，知道如何在考虑未知参数的同时处理信息以做出决策，他们还知道何时在决策中克制情感因素。

虽然工程专业在顶级商业领导职位中有很好的表现，但他们在高级政治和公民领导职位中的表现却是喜忧参半。目前，第114届美国国会的540名成员中只有9位是工程师，比第113届美国国会成员减少了11位。然而，中国最近的三位领导人江泽民、胡锦涛和习近平都是工程师出身。虽然政府工作可能不是你的职业抱负，但全球所有领域的领导者都意识到，在全球化和通信技术使全球地理差异日益减少的世界中，拥有广泛的软、硬科学技能是必不可少的。因此，工程领域正在发生变化，这本教科书涵盖了工程师如何从全球视角去审视、建模、分析和解决公民面临的挑战。

大多数工程师都是专攻工程领域的某一重要分支而获得学位，并最终成为该领域的专业人士的。虽然，联邦政府的标准职业分类（SoC）系统只覆盖了17

个工程专业,但许多其他专业也获得了专业协会的认可。此外,工程学的主要领域又包含许多分支学科。例如,土木工程包括结构、运输、城市和建筑工程;电气工程包括电力、控制、电子和电信工程。图 2 - 3 描绘了工程师在各个主要领域以及其他几个小学科中的占比。工程师首先通过学习获得正式的学士学位,然后通过高级研究生课程的学习或者在高级工程师的监督下进行实际工作来积攒经验。在开始一个新项目时,工程师通常依赖于他们的推断、直觉、专业技能以及经验进行判断。工程师通常会做粗略计算,以回答诸如"10 马力的发动机是否足以驱动空气压缩机?"或"涡轮增压器中的叶片需要多大加速度?"等问题。当某个问题的答案未知或需要更多信息才能解答时,工程师需要使用技术图书馆中的书籍、专业期刊和贸易出版物等资源进行额外研究。

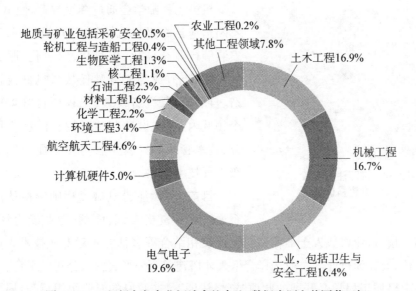

图 2 - 3　工程师在各专业领域中的占比(数据来源自美国劳工部)

　　成为优秀工程师是需要终身努力的,是教育和实践的结合。大家都可以提出一些很好的理念,但是不可能只靠在大学中学到的知识使其变为现实。随着技术、市场和经济的快速发展与变化,工程师需要不断学习新的方法和技术去解决问题,并与他人分享其发现,以求共同进步。

2.2　机械工程师的资格认证

　　机械工程师是指在机械工程行业从事工作,并且具备一定经验和水平的人。

这里所说的"一定经验和水平"是通过统一资格考试认定的结果。

2.2.1 国际注册机械工程师

图 2-4 国际注册机械工程师资格认证

国际注册机械工程师资格认证(ICME)(见图 2-4)是由机械工程师学会(IME)开展的专业工程师资格认证,目标是培养具有良好职业道德、创新理念,牢固掌握现代机械设计制造技术、工业工程项目最新管理技能,懂得运用现代经济管理知识以及最新国际通则的新一代机械工程类专业技术人员。

机械工程师学会通过继续教育,使 ICME 不断适应当今世界机械制造、建设工程、设备安装等行业全球化、信息化、绿色化、服务化的发展趋势,成为充分胜任从事机械设计制造、自动控制、设备安装、工程项目管理等各个领域内,胜任设计制造、科技开发、应用研究、技术管理和经营销售等多方面工作的高级工程技术人才。

目前,国际注册机械工程师资格认证体系通过统一资格考试、面试、专业能力评估、业绩考核、行业权威人士推荐和同行评议相结合等多种方式对专业技术人员进行评价,旨在为行业内企业选择合格人才搭建一个公平、公开、公正的平台。

由机械工程学会开展的此项"资格认证"是非政府的专业组织行为,属于同行认可的技术(或从业)资格认证。

迄今为止,学会已在机械设计制造、数控技术编程、模具设计制造、汽车检测维修、工程项目管理和设备工程管理等多个领域开展了专业的考评和认证。

1) 认证宗旨

以应用性、实用性为主的认证体系注重提高候选者运用所学知识分析和解决实际问题的能力;促进机械工程技术人员接受继续教育,构筑终身教育体系;引进海外最新专业课程、案例和权威顾问团队,帮助认证者获取国际最新发展趋势和信息,打造国际同行间之平等交流平台;建立优秀制造业专业人才的客观国际行业评价平台。

2）认证目的

认证的目的是使认证者系统地掌握本专业领域宽广的技术理论基础知识，主要包括力学、机械工程材料、机械设计、机械制造基础、机械制造工艺、电工与电子技术、自动化基础、测试技术、企业管理、数控技术编程、模具设计制造、汽车检测维修、机械工程项目管理和机械设备安装管理等基础知识；具有本专业必需的制图、计算、实验、测试、文献检索和基本工艺操作等基本技能；具有熟练运用计算机等现代高科技技术服务专业的能力；具有本专业机械电子工程方向所必要的专业知识、了解其学科前沿和发展方向；具有较强的自学能力、创新意识和较高的综合素质；具有良好的外语应用能力和沟通表达能力；具有独立的科学研究、科技开发及组织管理能力。

3）获取证书的意义

获取证书有助于提高企业的核心竞争力和树立良好的行业形象。随着科技的不断进步，机械工程师在制造领域内发挥着越来越重要的作用。但是，目前高素质、高水平的技术专业人才严重匮乏，远远不能满足科技进步和产业发展所带来的实际需求。ICME 认证系统为企业提供了选拔、录用、培训专业技术人才公平、公正的基准和手段，拥有 ICME 证书人员的多少也将成为衡量一个企业专业化水平的重要指针。

ICME 认证是知识、能力及经验的认可与证明。不同级别的 ICME 证书表明个人在行业内的不同等级水平。拥有 ICME 证书不仅反映了专业技术人员掌握机械原理和知识的程度，而且也反映了他们在实践中的能力水平和创新意识。

参加 ICME 认证也意味着更多的发展机遇。ICME 是机械工程师学会在全球范围内推行的资质认证体系，具有广泛的代表性和权威性。世界范围内高级技术人才的稀缺，将使 ICME 成为国内外业界关注的热点。人力资源专家预言，ICME 工程师认证将成为 21 世纪的最佳职业之一。

4）认证对象

ICME 认证对象是从事和准备从事机械设计制造、数控技术编程、模具设计制造、汽车检测维修、机械工程项目管理和机械设备安装管理等领域工作的专业技术人员。

5）认证级别

ICME 认证级别分为初级国际注册机械工程师（junior international certified mechanical engineer，JICME）；国际注册机械工程师（international certified mechanical engineer，ICME）；高级国际注册机械工程师（senior

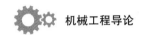

international certified mechanical engineer，SICME）

6）认证证书

认证证书为中英文双语版本，由机械工程师学会颁发。

2.2.2　中国机械工程师

早在 2003 年底，《中共中央国务院关于加强人才工作的决定》指出专业技术人才评价要重在社会和业内认可，这推动了我国专业技术人才评价工作逐步形成以考试、评审为主要手段，多种评价方式并用的格局。为适应我国经济发展和工程师制度改革的需要，2004 年，中国机械工程学会根据党中央、国务院关于加强人才工作的决定精神，经中国科学技术协会批准，决定开展中国机械工程师资格认证（Accreditation & Certification for Mechanical Engineers，ACME）工作，并特制订了《机械工程师资格认证工作暂行办法（修订）》，于 2006 年 1 月 28 日公布执行。

1）总则

（1）为广大科技工作者和会员服务、为经济社会全面协调和可持续发展服务，为提高公众科学文化素质服务，为开展工程师资格国际间双边、多边互认工作做准备。

（2）ACME 面向全国各行业机械工程类专业技术人员，实行公平、公开、公正原则。

（3）坚持资格认证与职业发展教育和继续教育紧密结合的原则，以满足广大专业技术人员接受终身教育，不断增加新知识、新技能，谋求新发展的要求。

（4）ACME 实行"培训—考试—认证"三分离的工作机制；在实践中积极探索资格考试、业绩考核和同行评议相结合的专业技术人才评价方法。

（5）在职业发展教育和继续教育工作中，采取学校教育培养、企业岗位培训、个人自学提高等相结合的方式，培养专业技术人员的学习能力、实践能力和创新能力，进而实现专业技术队伍整体素质的不断提高。

（6）ACME 是一项系统工程，应坚持在政府部门的宏观指导和支持下，与高等院校、企业（公司）、有关行业协会、学会等密切合作，按照 ISO 9000 质量管理体系标准，逐步建立健全资格认证和继续教育的质量管理保证体系和长效机制。

2）认证范围

（1）认证的对象。从事机械工程类工作的科技人员。

（2）认证的分类。ACME 分为：机械工程师（C. Me）、高级机械工程师（C. S. Me）；专业工程师（P. E）［含见习专业工程师（I. E）］；杰出贡献机械工程师（M. Me）。

2.3　机械工程师社团组织

社会团体或社团组织是指为一定目的，并由一定人员组成的社会组织。社团组织已成为当代中国政治生活的重要组成部分。我国的社团组织带有准官方性质，并有自己的章程，以及相关的规章制度。《社会团体登记管理条例》规定，成立社会团体必须提交业务主管部门的批准文件。

2.3.1　机械工程师学会

机械工程师学会（Institute of Mechanical Engineers，IME），是以发展行业交流、促进行业联合和规范行业水平的全球性公益性联合社团组织，其已在英国、美国、加拿大、澳大利亚、土耳其、韩国、中国等地设有相应的学会机构或地区性联络发展办事机构。学会以平等、自愿、自律为基础，不受部门、地区和所有制形式限制。作为非营利性的社会团体，学会在世界各地区均接受当地有关部门的业务指导和监督管理，受当地法律保护。本学会实行理事会制，理事由各地区负责人士担任，同时各地区常设机构是秘书处。图 2-5 为机械工程师学会的标识。

图 2-5　机械工程师学会标识

2.3.2　中国机械工程学会

中国机械工程学会（标识见图 2-6）成立于 1936 年，是由以机械工程师为主体的机械科学技术工作者和在机械工程及相关领域从事科研、设计、制造、教学和管理等工作的单位、团体自愿结成并依法登记的社会团体，是全国性的非营利性社会团体法人，是中国科学技术协会的组成部分。

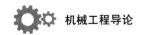

图 2-6　中国机械师工程学会标识

1) 发展历史

(1) 工程技术人员学术组织的诞生。

19 世纪下半叶,清政府设立了制造局和船政局,陆续建设了一批工厂(织造厂、火柴厂、造纸厂等),开发了煤矿,建造了铁路。从此,中国的近代工业逐渐产生并发展。自 1906 年詹天佑先生主持建设京张铁路工程起,便诞生了中国近代的工程技术人员及其学术队伍。随着中国教育改革引入西方工程技术教育,并培养了大批工程人才之后,特别是有了留学生回国参与工程建设,中国近代工程技术人员的队伍不断发展和壮大。为适应工程技术人员开展学术交流与切磋技艺,我国工程技术人员的学术组织应运而生,如表 2-1 所示。

表 2-1　我国近代工程技术人员学术组织的诞生

序号	成立时间	学术组织名称	成立地点	组织发起人	备注
1	1912 年 1 月	中华工程学会	广州	詹天佑	三会宗旨相似,不久三会合并,成立了"中华工程师会"
	1912 年—1914 年	中华工学会	上海	颜德庆等人	
		路工同人共济会(铁路)	上海	徐文炯等人	
		中华工程师会	汉口	詹天佑任会长	会员 148 人
		中华工程师学会	北京		1914 更名、迁址
2	1917 年	中国工程学会	美国康奈尔大学(后迁往纽约,数年后迁回国内上海)	20 余位留美学者和工程技术人员	会员有 84 人,其中机械学科 11 人;1923 年会员为 350 余人,1928 年分为机械等 5 个学组,1930 年增至 1500 余人
3	1931 年	中国工程师学会(确定 1912 年 1 月 1 日为创始日,决定 6 月 6 日为"中国工程师节")	南京	"中华工程师学会"和"中国工程学会"合并而成	有 50 余个分会,会员 2 169 人;出版《工程》杂志等学术刊物;有 15 个专门学会,其中包括中国机械工程学会

（2）中国机械工程学会发起与成立。

1935 年 10 月 10 日，刘仙洲、王季绪、杨毅等人联名发函，在机械工程界征求成立中国机械工程学会的发起人。函称："中国已成立的学术团体，其会员专业无所不包，学术交流需要多学科合作，又需要分专业研究才能深入……机械工程是各种工程的根基，其应用范围也比其他工程专业广泛，有成立机械专科学会的必要。"时至当年 12 月 10 日，共征集到 50 名发起人，并用信函的方式推举 5 人组成筹备委员会；时至 1936 年 1 月，已征集到 152 名发起人，并在清华大学成立了筹委会。

1936 年 5 月 21 日，76 名发起人集合于杭州国立浙江大学文理学院，借中国工程师学会召开年会之机，召开中国机械工程学会成立大会。黄伯樵任大会主席，中国工程师学会会长曾养甫等人列席会议。筹委会委员庄前鼎作报告。在此会议上通过了会章；选举黄伯樵为会长，庄前鼎为副会长，柴志明等 9 人为董事。

1936 年 5 月 22 日，学会第一次董事会会议在杭州西湖楼外楼饭店召开，会上选举了秘书董事、会计董事和总编辑，通过了下届年会与各工程师学会联合举行；允许各地方成立分会，并发展会员和团体会员（赞助会员）等事项；通过会费管理办法；决定总会会址设在南京学术团体联合会的办公场所；组织成立安全法规委员会和试验法规委员会。

1936 年 5 月 30 日，学会第二次董事会会议在上海新亚大酒店召开，会议决定成立学组，出版会刊，组织成立编辑委员会和出版委员会；在大学机械工程系三、四年级学生中发展学生会员。

1936 年 7 月 29 日，学会第三次董事会会议在上海滨河大厦召开，会议决定将刘仙洲编撰出版的《机械工程名词》一书的销售收入作为本会编辑部基金，拟定成立原动机组、自动机组、普通机械制造组、矿冶机械组、化工机械组、铁道机械组、兵器制造组、造船工程组、纺织机械组、农业机械组、航空机械组和卫生机械组等 12 个学组。

1936 年中国机械工程学会开始出版会刊《机械工程》（季刊），杨毅为首任总编辑，有编辑 30 人，创刊号在北京印刷。

1941 年学会有会员 480 余人，团体会员 20 个，有 7 个分会。抗日战争时期，中国机械工程学会在重庆、昆明等地举办过一些学术会议。在 1947 年至 1949 年中国解放战争期间，中国机械工程学会基本停止活动。

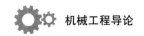

(3) 中国机械工程学会的重建与发展。

1951 年 9 月 15 日至 17 日中华人民共和国成立后的第一次中国机械工程学会全国会员代表大会在北大工学院(北京)召开。在此前后,中国机械工程学会相继成立了各类分会及学术组织,并有效开展了一系列有组织的学术活动,如表 2-2 所示。

表 2-2　中国机械工程学会的重建与发展

序号	时间	学术活动名称	活动地点	负责人	备注
1	1950 年 8 月 18 日	中华全国自然科学专门学会联合会(科联)	北京	李四光任主席	这是第一次全国自然科学工作者代表会议(北京);吴玉章任两会名誉主席
		中华全国科学普及协会(科普)		梁希任主席	
2	1951 年 4 月 11 日;1951 年 6 月 30 日	重建中国机械工程学会筹备委员会,并召开筹委会扩大会议	桂林、长沙、天津、杭州、南昌等地	刘仙洲、石志仁、刘鼎、沈鸿和庄前鼎等发起	1950 年冬至 1951 年相继成立地方组织
3	1951 年 9 月 15 日至 17 日	召开第一次中国机械工程学会全国会员代表大会	北京	选举刘仙洲任理事长、石志仁任副理事长	其间,各大城市相继成立了分会;组织了大型综合性学术活动;编写了《机械工程名词术语》;翻译出版《苏联机械工程百科全书》
	1953 年	《机械工程学报》创刊	—	—	
4	1954 年 8 月 23 日至 29 日	中国机械工程学会第二次全国会员代表大会	北京	石志仁任理事长,刘仙洲、汪道涵任副理事长,金芝韩任秘书长	全国有 31 个城市成立了分会或分会筹委会,会员 5 000 余人
5	1959 年 12 月	召开学会工作会议(调整理事会)	北京	刘鼎任理事长,石志仁、刘仙洲、沈鸿、江泽民任副理事长	李安任秘书长,陶亨咸、魏新学任副秘书长
6	1961 年 11 月 22 日至 29 日	召开 10 周年年会和第三次全国会员代表大会	北京	推选汪道涵任理事长,刘仙洲、石志仁、刘鼎、沈鸿、江泽民任副理事长	选举陶亨咸任秘书长,张方、施泽均任副秘书长;10 周年年会共收到论文 593 篇,200 多人参会

（续表）

序号	时间	学术活动名称	活动地点	负责人	备注
7	1962 年 至 1966 年	先后成立了铸造、锻压、热处理、焊接、粉末冶金、机械加工、理化检验、机械传动、汽车和透平与锅炉等 10 个专业学会；其间，召开了 17 次全国性学术会议，收到论文近 3 000 篇，讨论了 70 个重大科技问题，有 5 000 多人参加；开始组织编写《机修手册》等工具书			
8	1962 年 至 1966 年	有 27 个省市和 64 个大中城市成立了机械工程学会，地方学会达到 91 个，仅 1963 年和 1964 年两年内，共组织了 68 次大型学术活动			
9	1966 年 开始 至 1977 年	由于"文化大革命"的原因，学会停止活动 12 年，但是学会的一部分专家仍坚持编写科技文献书籍，坚持编写出版《机修手册》，参加《机械工程手册》和《电机工程手册》的编辑出版工作			
10	1978 年 9 月	在秦皇岛召开"文革"后的第一次大型学术年会，标志中国机械工程学会从此恢复活动；此后，各专业分会恢复活动，并新建了一批专业分会；30 个省市都建立了省级的机械工程学会；有 500 多个市、县建立了市（县）级的机械工程学会			

（4）中国机械工程学的发展与振兴。

改革开放以后，中国机械工程学会进入新的发展时期。学会活动异常活跃，参加人数越来越多，对各学科及专业技术的发展与应用产生了重要、积极的影响。

1981 年，中国机械工程学会在上海举行 30 周年年会和第四次全国会员代表大会，推选沈鸿为理事长。自此以后，全国会员代表大会每 5 年举办一次，主要任务是修改会章，审议理事会工作报告和财务报告，选举产生新一届理事会。

1983 年 9 月，中国机械工程学会与机械工业部联合创办了机械工程师进修大学，以组织机械专业技术人员在职进修，更新、拓展知识、改善知识结构、提高业务素质，不断适应机械科技进步和管理现代化的需要为宗旨。其目标是为提高工程技术人员的学识水平和为工程师职业发展提供教育服务。

1986 年，中国机械工程学会设立科技成就奖，首届科技成就奖授予吴仲华、沈鸿、孟少农、周惠久、陶亨咸、雷天觉 6 位著名科学家和技术专家。

1987 年 8 月 13 日，中国机械工程学会第五届常务理事会执行委员会召开第三次会议，经研究，重新确定中国机械工程学会创始年为 1936 年。

改革开放以来，中国机械工程学会在有关主管部门和广大科技工作者的支

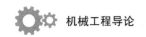

持下,开始步入了迅速发展时期。特别是近些年来,学会始终遵循"学术交流为本,会员服务为任,科经结合为纲,互利共赢为策,构筑精品为要,科学管理为基"的工作方向,锐意进取,开拓创新,努力建立和完善适应社会主义市场经济的体制,建立符合科学技术和科技社团发展规律的组织体制、运行机制和工作方式,不断增强凝聚力、吸引力和影响力,不断增强学会工作的生机和活力,不断推进学会工作的新发展。

2)基本职能

学术交流是学会的基本职能,学会每年举办数以百计、丰富多彩的学术会议。特别是每年一度的中国机械工程学会年会,是集成各类专题活动的大型综合性会议。年会包括主旨报告大会、专题学术会议、科技进展发布、论坛、讲座、展示、颁奖等多项活动,内容丰富,在行业内外乃至全国都产生了巨大影响。

3)奖项设置

学会设立了"中国机械工程学会科技奖",并与中国机械工业联合会共同设立了"中国机械工业科学技术奖"。多年来,学会不断向中国科协、中国科学院、中国工程院举荐优秀人才,积极弘扬崇尚自主创新、恪守科学道德、追求和谐进步的科学思想,有效地调动了广大科技工作者的积极性和创造性。

4)组织刊物

编辑出版与学术会议是学术交流的两翼。多年来,学会组织编写了《中国材料工程大典》《机修手册》等数百种大型工具书、科技图书和相关教材。出版的学术刊物有《中国机械工程》《机械工程学报》等 60 余种,对推动学科发展起到了重要作用。

2.4 新时代机械工程师面临的挑战及其使命

既然工程师是某一专业领域内具有一定经验和水平的人员,他们所从事的活动对人类社会发展有着直接的影响,肩负推动这一领域技术发展的责任。

2.4.1 工程领域面临的十四项挑战

美国国家工程院(NAE)已确定 21 世纪全球工程专业领域将面临的 14 项挑战。这些挑战正在重塑工程师审视自己的方式,并改变他们学习与思考的模式。这些挑战也在扩大工程师的视角以及如何看待他们自身在领域的影响力。14 项挑战如下。

（1）太阳能的开发。目前,太阳能提供的能源不到世界总能源的 1%,但它有可能提供更多。

（2）聚变能源的开发。人体工程融合已经在小规模上得到证实,其面临的挑战是以高效、经济、环保的方式将工艺扩大到商业化。

（3）碳封存方法的开发。工程师正在研究捕获和储存过量二氧化碳的方法,以防止全球变暖。

（4）氮循环的管理。工程师可以通过更好的施肥技术以及捕获和回收废物来帮助恢复氮循环的平衡。

（5）纯净水源的提供。世界供水正面临新的威胁,经济实惠的先进技术可以为全世界数百万人带来改变。

（6）改善城市基础设施。基础设施是支持社区、地区或国家基础系统的组合。当前社会面临着近几个世纪以来支持我们文明的基本结构现代化的艰巨挑战。

（7）健康信息化。计算机可用于人类活动的各个方面,健康信息学的系统方法,健康信息的获取、管理和使用可以极大地提高医疗保健的质量和效率,并响应突发公共卫生事件。

（8）药业开发。工程学可以使用遗传信息开发新系统,感知身体的微小变化,评估新药物,并直接提供适合每个人的医疗保健信息。

（9）逆向工程。许多研究都致力于创造思维机器,并研究能够模拟人类智能的计算机。然而,逆向工程大脑可能产生多种影响,远远超出人工智能,并将在医疗保健、制造和通信等方面取得巨大进步。

（10）防止核恐怖袭击。预防和应对核攻击的技术需求正在增长。

（11）网络空间安全。计算机系统涉及我们生活的方方面面,包括电子通信、数据分析、交通疏导以及飞机飞行等等。很明显,需要开发新系统来解决一长串网络安全优先事项。

（12）虚拟现实技术。虚拟现实正在成为培训从业者和治疗患者的强大新工具,此外它还越来越多地用于各种形式的娱乐场景中。

（13）个性化学习。个人偏好和能力的不断增长使人们更加注重个性化学习,教学应根据学生的个人需求量身定制。鉴于个人偏好的多样性以及每个人类大脑的复杂性,开发优化学习的教学方法需要更好的工程解决方案。

（14）设计科学发现工具。未来,工程师将继续与科学家为伴,以寻求理解许多未解决的问题。

《中国制造2025》,是中国政府实施制造强国战略第一个十年行动纲领,其覆盖的行业如图2-7所示。中国制造2025提出,坚持"创新驱动、质量为先、绿色发展、结构优化、人才为本"的基本方针,坚持"市场主导、政府引导,立足当前、着眼长远,整体推进、重点突破,自主发展、开放合作"的基本原则,通过"三步走"实现制造强国的战略目标:第一步,到2025年迈入制造强国行列;第二步,到2035年中国制造业整体达到世界制造强国阵营中等水平;第三步,到新中国成立一百年时,综合实力进入世界制造强国前列。

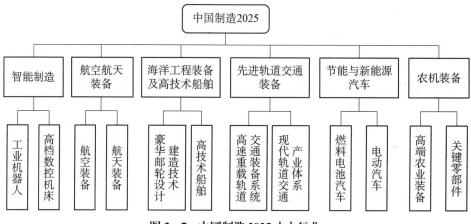

图2-7 中国制造2025十大行业

制造业是国民经济的主体,是立国之本、兴国之器、强国之基。打造具有国际竞争力的制造业是我国提升综合国力、保障国家安全、建设世界强国的必由之路。从新中国成立尤其是改革开放以来,我国制造业持续快速发展,建成了门类齐全、独立完整的产业体系,有力地推动了工业化和现代化进程,显著增强了综合国力,支撑我国世界制造业大国地位。然而,与世界先进水平相比,中国制造业仍然大而不强,在自主创新能力、资源利用效率、产业结构水平、信息化程度、质量效益等方面差距明显,转型升级和跨越发展的任务紧迫而艰巨。

当前,新一轮科技革命和产业变革与我国加快转变经济发展方式形成历史性交汇,国际产业分工格局正在重塑。必须紧紧抓住这一重大历史机遇,按照"四个全面"战略布局要求,实施制造强国战略,加强统筹规划和前瞻部署,力争通过三个十年的努力,到新中国成立一百年时,把我国建设成为引领世界制造业发展的制造强国,为实现中华民族伟大复兴的中国梦打下坚实基础。

2.4.2　机械工程师的使命

工程师是世界上最有创意和最有效的问题解决者,这是因为他们能把丰富的想象力和对这个世界如何运作的认识结合起来思考。工程师在任何领域的工作都是识别问题,依据相关科学知识和方法来设计明确的解决方案,并让这些解决方案切实可行。

发展新技术、建设新工程、开发新能源,塑造人类可持续发展的未来,是现代工程师共同关注的问题。

1) 资源环境亮红灯

资源、能源、环境问题已成为社会经济发展的主要瓶颈。耶鲁大学工业生态教授格莱德指出,短短 200 多年内,世界消耗矿产资源超过了前几百万年的总和,其中包括大量不可再生的化石能源。目前,全球石油、天然气资源储备只够再开采 50 年左右。今后社会要发展、人类要生存,动力在哪? 因此,必须改变用资源换发展的模式。工程师作为人类改造世界的中坚力量,务必积极投身于这种改变。

以污染环境、消耗能源为代价的传统工业化道路已让地球不胜重负可很多人却未意识到这一点。美国工程院院长沃夫做了个比喻:人们发现用沸水煮青蛙,青蛙一跳就逃走了,然后改用凉水慢慢加热青蛙,等青蛙察觉已为时太晚。为了可持续发展的未来,人类切不可做凉水煮青蛙的事情。工程师应该勇敢地承担起提醒人们的重任。

2) "4R"塑造未来方向

工程科学的基础要从单纯追求规模、效益转向建设循环经济。中国工程院院长徐匡迪提出"4R"理论,即 reduce(减量化)、reuse(再利用)、recycle(再循环)和 remanufacture(再制造),目标是用尽可能少的资源满足经济社会发展的需求。

徐匡迪介绍说,欧盟、日本正在推行汽车"减重化",预计 2010 年汽车燃料使用效率可提高 22.8％,二氧化碳排放量将降低 20％,这是"减量化"的一个很好例子。在"再利用"方面,目前美国用废钢铁生产的钢已近 60％,而中国只有 20％。据测算,利用废钢产钢,可使能耗减少 60％,二氧化碳排放最减少 60％,节约用水 50％;在"再循环"方面,废纸、废玻璃、废塑料、废渣的再循环在中国比较成熟;在"再制造"方面,以废旧设备和零部件为毛坯,采用先进的快速成型、功能覆层技术,可生产合格设备,再次供应市场,减少材料和能源消耗,这在我国还

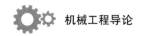

有待推进。

3）新技术让生活更美好

现在有种误解，以为使用工程技术必然带来污染，事实并非如此。走可持续发展之路并不是让人们躲避新技术。积极鼓励采用新技术正是消除传统技术弊端的出路所在。

英国剑桥大学校长布鲁斯说，许多人可以在火山边安居乐业，却绝不愿和核电站为邻，而事实上核电站外的辐射完全是无害的。让普通人了解新技术、新能源的好处是新技术真正得以应用推广、造福人类的关键。

世界可持续发展工商理事会主席史蒂格森先生说得更坦率，有许多人认为是技术的发展造成了污染，有必要让他们知道高新技术可以使生活变得更美好。

下面以港珠澳大桥岛隧工程为例来说明工程师的使命与担当。

港珠澳大桥"四化"建设理念——大型化、工厂化、标准化、装配化，充分体现了我国改革开放以来发展的实力，中国建桥人几十年的经验在这座大桥上得到了充分的运用。

港珠澳大桥岛隧工程是一个设计施工总承包工程，建设条件复杂，技术难度前所未有。很多人至今还在疑惑为什么要采用总承包模式？像这样的工程，如果不采用总承包，会带来很多问题。港珠澳大桥管理局局长朱永灵提出采用设计施工总承包模式，这是一种判断和坚持。如果港珠澳大桥成功了，这份坚持和判断至关重要。

沉管安装无疑是沉管隧道工程最有挑战的一个环节。在国外因为工程量少，风险又确实大，所以只有很少的公司肯做和能够做这件事情。韩国的釜山隧道沉管安装由 56 位荷兰工程师承担，他们每次装完以后飞回荷兰，所以叫荷兰人的庆典。外国人断定中国没有能力做这件事情，仅咨询费就向我国要 1.5 亿欧元，后来我国决定花一两个亿自己做这个事。经历两年多的时间我们做了沉管安装系统，这是一个非常好的系统。我们面对的不仅是一般的问题，还有珠江口特有的深水深槽、回淤、大径流、异常波等问题，这四个特殊的问题我们都解决了。

这个工程进行了 100 多项成规模的验证试验，专用装备投入了 30 个亿。编者借此机会呼吁一下，掌握尖端技能的专业公司是国之重器和国之锐器，这种尖端技能应该集中起来去做几个，让它们成为大国重器，它能抬升国家的天花板。现在劳动力廉价的时代已经过去了，靠什么呢？靠竞争，靠品质，这才是我们的出路。

　　我们的工程缺什么？我们与世界一流水平的差距，就在于工程师对细节的追求，差的就是设计细节、现场管理细节。我们的差距之所在，也就是我们工程师的责任之所在。科学精神、工匠精神、担当精神、奉献精神应该是工程师追求的精神。

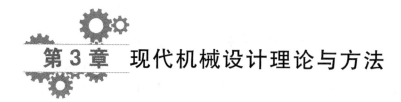

第3章 现代机械设计理论与方法

本章从认识机械(设备)及其作用开始,通过介绍现代产品研发过程的典型环节,论述产品设计的重要性;详细分析了现代设计理论、方法和手段,并要求学生能够掌握现代设计工具,科学、合理、快速、正确地表达设计意图;最后介绍通用标准、机械标准及船海规范等相关知识,以规范设计行为,提高设计效率,减少设计管理的复杂性。

3.1 认识机械及其作用

根据能量转变方式可将机械(设备)分为3类,即风力机械、水力机械和热力发动机。

3.1.1 风力机械

地球表面的空气流动产生的动能称为风能,风能是一种清洁、安全、可再生的绿色能源,取之不尽。风能可转化成其他能量形式从而被人类利用,如图 3-1 和图 3-2 所示。帆船和风车都属于将自然界中的风能转化为机械能的机械系统或装置。风能的应用主要表现在四个方面,包括风力提水、风力发电、风力助航和风力致热。大量研究表明,风速大于 4 m/s 时,其利用价值才能够凸显。据估算,地球上蕴有的风能总量为 1300 亿千瓦,中国占 1.23%,其中,海上风能尤为丰富,因此,风能具有广阔的开发前景。

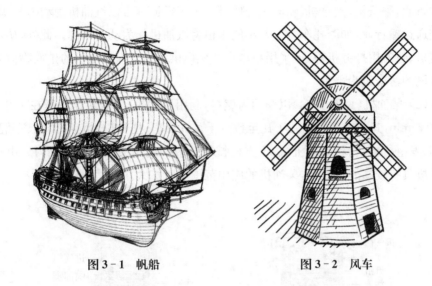

图 3-1　帆船　　　　　　　　　　图 3-2　风车

3.1.2　水力机械

以液体为工作介质的流体机械称为水力机械,其工作过程就是水能和机械能或其他不同形式的能量与水能之间相互转换或传递的过程,如水车、水泵、水轮机等。水力机械在电力工业和水利工程中的应用较为广泛,按照能量传递方向不同,水力机械可分为原动机和工作机;按照流体与机械相互作用的方式不同,可分为容积式和叶片式两种。

水能资源蕴藏量与河川径流量和地形高差有关。中国水能蕴藏量约为 680 兆瓦,居世界之首,70%分布在西南三省一市和西藏自治区,具有重要的开发和利用价值。由于运行费用低、无污染等优点,水轮机发电日益增多,这是人类有效利用水资源为自身提供服务的典型例证。

3.1.3　热力发动机

热力发动机包括蒸汽机、汽轮机、内燃机(汽油机、柴油机、煤气机等)、热气机、燃气轮机、喷气式发动机等。其中,内燃机在工业、农业、交通、采矿、兵工等行业应用最为广泛,如以内燃机作为动力的船舶、机车、汽车、拖拉机、物料搬运机械、军用装备、排灌机械、摩托车等。

(1)汽油机(见图 3-3)以汽油为燃料,采用电点火,转速一般为 3 000～6 000 r/min,有的甚至高达 10 000 r/min;其功率范围为几百瓦至几百千瓦。在

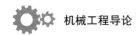

农林行业,采茶机、割草机、喷药机、割灌机、木工机械等常以汽油机为动力来源;在交通运输行业,如摩托车、汽车、小艇等也将汽油机作为动力来源。此外,矿用凿岩机、建筑用打夯机等,也采用小型汽油机提供动力。但汽油机的排放物对人类环境的污染较为严重。

(2) 柴油机(见图 3-4)以柴油为燃料,利用压缩热自燃,转速一般在 100~6 000 r/min,其功率范围为几千瓦至数万千瓦。汽车、拖拉机、坦克、船舶、军舰、机车、发电机组、物料搬运机械、土方机械等一般都使用柴油机提供动力。由于柴油机具有较高的热效率,柴油机的应用范围不断扩大。

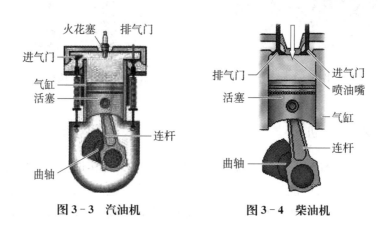

图 3-3 汽油机   图 3-4 柴油机

(3) 煤气机(见图 3-5)以煤气、天然气和其他可燃气体为燃料,有电点火的,也有柴油压燃引火的。由于煤气机体积庞大、携带困难、气体燃料来源有限,使其推广应用受阻。

(4) 蒸汽机(见图 3-6)将蒸汽的能量转换为机械功的往复式动力机械。蒸

图 3-5 煤气机   图 3-6 蒸汽机

汽机的出现引起了 18 世纪的工业革命。直到 20 世纪初,它仍然是世界上最重要的原动机,后来才逐渐让位于内燃机和汽轮机等。

3.2　现代产品或系统的设计过程

利益最大化是企业永恒的追求。一般而言,产品价值是由产品的功能、特性、品质等决定的。此外,客户对产品的需求是由设计过程来确定的。因此,在产品/系统开发过程中,决定产品/系统价值的阶段是设计阶段,特别是概念设计阶段。

3.2.1　设计概述

在第 1 章中讨论科学、技术和工程的概念区别时,可以看到"工程"这个词与"巧妙"和"设计"有关。事实上,开发全新的和有创造性产品是工程专业的核心。因为"工程"的最终目的是开发一个可以解决一个全球性技术问题的产品。本章的重点是理解设计基本原理和过程,并学习必要的技能来参与、贡献或领导成功的设计过程。

在本章中,我们将对产品开发进行概述,即从设计问题的定义开始,到一个新概念的产生,再到产品的持续生产,最终申请新技术的专利。我们首先讨论在设计过程中,工程师们在将他们的新想法变成现实的时候应遵循的步骤。当一个新产品被设计和制造时,工程师或公司通常通过申请专利保护防止他人使用,从而赢得市场竞争优势。正如美国宪法中规定那样,使发明成为专利是工程商业中的一个重要方面。一旦产品的细节已经确定,产品实体化需要资本注入。机械工程师决定如何制作一个产品,第 4 章将介绍制造过程中的主要问题。

从广义上来说,机械设计是一个满足全球社会技术需求之一的系统性的设计过程。例如 2.4 中所说的未来 14 大挑战和 6.1 中提到的机械工程专业成就的 10 大排行榜。工程师们想出解决医疗、交通、技术、通讯、能源或安全等领域需求的办法,需要把他们的想法转变成显示性产品才行。

虽然机械工程师专攻某个领域,比如说材料的选择或者是流体工程。工程师们日常活动经常聚焦有关这些方面的设计。在一些情况下,设计者从零开始,并且从概念阶段自由开发产品。开发的技术可能是革命性的,从而创造全新的市场和商机。智能手机与混合动力汽车的制造是很好的例子来证明技术是如何改变人们的思考和运输方式的。在其他情况下,某个工程师的设计工作是循序

渐进的,并且致力于改进现有产品。给手机添加高清摄像头和对汽车模型进行修改都是有关这方面的例子。

3.2.2 设计过程

那么一个新产品是如何诞生的呢? 首先,公司需要识别新的商业机会并定义新产品、系统或服务的需求;然后对新老客户和潜在客户进行调查,对在线商品进行评论和反馈,并对相关产品进行研究;最后通过营销、管理和工程提供的需求去制订一套全面的系统要求。

在下一阶段,工程师们将发挥他们的创造力和潜力,根据需求来决定最核心的概念和开发细节(如布局、材料选择和组件尺寸),并把这些带入产品中。产品是否满足初始要求? 要求是否可以经济安全地生产? 为了回答这些问题,工程师们需要做出许多权衡和决定。

在设计中,工程师们注意到计算的精度水平是随着设计概念的逐渐成熟而提高的。如 1020 钢的强度是否足够? 油的黏度是多少? 是该选用滚珠轴承还是圆锥滚子轴承? 这些在设计达到最终形式前都没多大的意义。毕竟,在设计早期产品尺寸、重量、功率或规格可能会发生变化,工程师们甚至可以在模棱两可的情况下,根据不同时段的要求开发产品。

从宏观的角度来看,机械设计过程可以分解成生产需求、概念设计、详细设计和成品生产四个主要阶段,如图 3-7 所示。

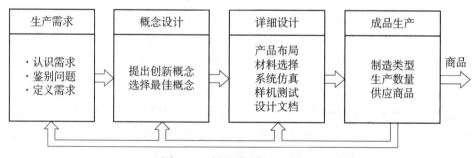

图 3-7 机械设计的主要过程

1) 生产需求

当基本需求确认后,工程设计就开始了。生产需求可以来自某一个市场或者来自人类的某一基本需求,如保护清洁水源、可再生能源或者是避免自然灾害。工程设计师在设计之初,需考虑到以下问题并制订一套全面的系统要求。

(1) 功能表现：产品必须生产完成。

(2) 环境影响：生产过程中各个阶段，以及利用和废弃环节均不污染环境。

(3) 制造：须考虑资源和材料的限制。

(4) 经济问题：须做好预算，控制成本，合理定价，有一定利润。

(5) 符合人体工程学：要考虑人为因素，产品要美观，易用。

(6) 全球问题：考虑国际市场对产品的影响和需求，把握机遇。

(7) 生命周期问题：注意使用、维护和报废的各个环节。

(8) 社会因素：设计产品时应结合公民、城市和文化发展的需求。

代表设计约束条件的需求必须被满足。为了制订需求，工程师们进行了大量的工作和研究，收集了大量背景资料。他们需要阅读已经发布的相关技术专利，咨询产品组件的供应商，参加贸易展览，向管理层提交产品建议，与潜在客户会面交流，理解设计过程中相关者的个人利益。

2）概念设计

在这个阶段，设计师们会开动思维协同创造出一系列潜在解决问题的方案，并选择最合适的方案继续发展。如图 3 - 8 所示，这个过程以不同的思维为指导，提出各种各样的创意方案。有些人认为创造力是艺术家应具备的，他们天生具有这种创新能力，工程师需要的是实用精神，应把创造性的任务留给其他人。实际上，创造性是工程师最重要的能力之一，产品设计需要工程师既扮演理性的科学家又扮演创造性的艺术家。工程师可以学得更有创造力，为自己提供必要的技能，以便在职业生涯中取得一定成就。很多时候，最有创意的解决方案来自一个协同创新的会议，人们可以与不同专业背景、不同行业、不同年龄、不同教育、不同文化和国籍的人讨论想法。

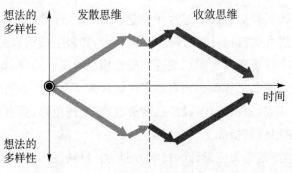

图 3 - 8　机械工程研究的总体方案关系

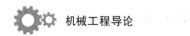

　　一旦生成了一组丰富的概念(这个过程是由收敛思维引导的),工程师们便开始摒弃其他想法并将注意力集中在最好的几个概念上。第一个阶段要求摒弃不可行或拙劣的设计,并确定最有可能满足设计要求的概念。这些评价可以使用一系列的优点和缺点或使用矩阵的初步计算来比较关键要求,计算机模型和产品原型也可以在这个阶段产生,以帮助选择过程。在这个阶段,设计保持相对流畅并且可以廉价地进行改变,但是随着产品的进一步发展,过程会变得更加困难和昂贵。这一阶段会最终确定最有前景的设计理念。

　　3) 详细设计

　　在设计过程中,团队已经将产品定义、创新和分析融合到最佳概念中去。但是,许多设计和制造中的细节仍然存在问题,每个问题必须在生产成品之前解决。在产品的详细设计中,必须解决这些问题。

　　(1) 开发产品的布局和配置。

　　(2) 每个组件的材料选择。

　　(3) 解决未知设计问题(如可靠性设计、制造、装配、变化、成本计算、回收)。

　　(4) 优化设计,包括适当的公差。

　　(5) 开发所有组件和组件的完整数字模型。

　　(6) 使用数字和数学模型模拟系统。

　　(7) 关键组件和模块的原型设计和测试。

　　(8) 制订生产计划。

　　详细设计阶段的一个重要的原则是简单。一个简单的设计概念比一个复杂的设计概念更好,因为简单的东西出错可以快速修改。很多时候,它们的特点是有效地集成了设计创新和功能简单化,保持事物尽可能简单,可以让工程师享有良好的声誉。

　　此外,工程师需要熟悉设计过程中的迭代概念。迭代是对设计进行重复更改和修改,以改进和完善设计的过程。举例来说,如果生成的概念都不能令人满意,那么工程师必须重新思考需求或返回概念构思阶段。同样,如果最终设计的生产计划不可行,那么工程师必须重新审视设计细节并选择不同的材料,新配置一些设计细节。随着每次迭代,设计逐渐被改进,变得更好、更有效、更优雅。迭代能够将工作的组件转换成工作良好的组件。

　　虽然工程师清楚地关注设计的技术方面(力、材料、流体、能量和运动),但是无论是电子产品,发电厂的控制室,还是商用喷气式客机的驾驶舱,设计师们还应认识到产品外观、人体工程学和美学的重要性。用户和商品之间的界面应该舒适、简单和直观。如果产品的技术变得更加复杂，它的可用性会变得特别差。无论技术多么令人印象深刻，如果产品难以操作，客户都不会热情地接受它。在这方面，工程师经常与工业设计师和心理学家合作，以提高其产品的吸引力和可用性。总的来说，工程是一项满足客户需求的商业过程。

4）成品生产

虽然工作原型已交付并且已经确认最终的图纸，但工程师的工作还没有结束。如果产品在技术上非常出色，但需要昂贵的材料和复杂的制造操作，客户可能会避开该产品，并选择在成本和性能上更加平衡的产品。

因此，即使在需求开发阶段，工程师也必须考虑生产阶段的制造要求。如果你要花时间去设计一些东西，它最好是以低成本制造出来。产品的材料选择会影响其制造方式。由金属加工的零件可能最适合一种设计理念，但通过快速成型生产的塑料部件可能是另一种设计理念的最佳选择。设计的功能、形状、材料、成本和生产方式在整个设计过程中是紧密相连并相互制衡的。

一旦详细设计完成，设计师就会参与产品的制造和生产，在某种程度上，工程师选择的制造技术取决于生产所需的使用工具和机器的时间和费用。举例来说，汽车、空调、微处理器、液压阀和计算机硬盘驱动器，这些都是批量生产的。如图 3-9 所示，不同机器人在执行各自的装配任务。历史上，这种类型的装配线能够有效地为某种类型的车辆定制工具和专用夹具。但现在，灵活的制造系统允许生产线重新快速配置不同车辆的不同部件。因为通过批量生产，成品可以相对快速地制成，即使其中任何一个都只执行某个简单任务，例如钻几个孔或抛光单个表面，公司也可以经济高效地分配工厂占地和机床。

除了大规模制造生产的产品外，另外一些产品的制造量相对较小（如商用喷气式飞机），或者具有

图 3-9　自动化装配线

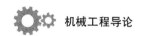

相对独特的结构或性能(如哈勃太空望远镜)。3D打印机可以直接利用计算机生成的图纸生产某些独一无二的产品。产品的最佳生产方法取决于要生产的数量、生产成本及生产精度等。

3.2.3 设计保护

工程师们必须从设计开始就记录工程图纸、会议纪要,并提交书面报告,以便其他人可以了解每一个决策。此类文档对于其他团队和构建未来设计很有用。设计用的笔记本电脑是捕获设计过程信息和知识的有效工具。

设计用的笔记本电脑最好绑定编号、日期,同时还支持防止他人盗取图纸、计算、照片和测试数据等功能,并能列出重要的日期,以准确地捕捉到发明的时间方向。专利是工程业务的关键,因为它为新技术的发明者提供法律保护,专利是知识产权的一个方面(也包括版权、商标和商业秘密等领域),它是财产权,类似于建筑物或一块土地的契约。

新的有用工艺、机器、制品或物质组成或对于现有产品进行改进作为一种新技术、产品或创意均可申请专利。专利是发明人与国家政府之间的协议。发明人被授予排除他人制造、使用、提供销售、销售或进口发明的权利。作为交换,发明人同意在称为专利的书面文件中向公众公开和解释本发明。专利是对新技术的垄断,该垄断在一定年限后到期,其持续时间取决于所申请专利的类型和国家。可以说,专利制度已经形成了经济基础,技术在进步。因为专利为创新提供了经济激励(有限的垄断)保障,所以促进企业进行研究和产品开发,发明人可以使用专利提供的保护来获得优于商业竞争者的优势。

美国专利主要有三种类型:植物专利、发明专利和外观设计专利。顾名思义,植物专利是针对某些类型的无性繁殖植物而发布的,机械工程师通常不会遇到这种情况。

外观设计专利涉及一种新的、原创的和装饰性的设计。外观设计专利旨在保护使用艺术技巧从而外形美观的产品,但它不保护产品的功能特性。例如,如果汽车车身的形状有吸引力、好看较独特,则设计专利是可以保护的。但是,设计专利不能保护车身的功能特性,例如减少风阻或提供改进的碰撞保护。

因此,拥有大量外观设计专利的公司通常会在产品功能上与竞争对手区别不大。例如,开发运动鞋、清洁用品、电子产品、家具、手表和个人卫生用品等产品的公司通常拥有重要的外观设计专利。

在机械工程中更常见的是保护设备、过程、产品或物质组成功能的专利。发明专利一般包含三个主要部分,即说明书、附图及声明。①说明书是对本发明的目的、结构和操作的书面描述;②附图显示本发明的一个或多个版本;③声明用精确的语言解释了专利保护的特定特征。

根据世界知识产权组织(WIPO)最新数据显示,在世界各国专利数量排名榜中,中国专利数量位居全球第一,是 2019 年申请专利最多的国家,美国则位居全球第二,日本位居全球第三。这是中国在专利申请数量上首次超过美国,成为世界第一。表 3 - 1 所示为 2019 年世界各国专利数量排名榜。

表 3 - 1　2019 年世界各国专利数量排名榜

排名	国家名	2019 专利数量	2018 专利数量
1	中国	58 990	53 345
2	美国	57 840	56 142
3	日本	52 660	49 702
4	德国	19 353	19 883
5	韩国	19 085	17 014
6	法国	7 934	7 914
7	英国	5 786	5 614
8	瑞士	4 610	4 568
9	瑞典	4 185	4 162

国际专利保护是个人或公司获得某个国家保护其专利的首选。世界知识产权组织(www. wipo. int)为个人和公司申请人提供了一种在国际上获得专利保护的方法。2013 年,各国向 WIPO 提交的国际专利申请数量首次超过 20 万,其中美国是最活跃的国家,其次是日本、中国和德国。

2013 年是《专利法》改革中最重要一年,因为美国从"第一发明"专利制度转变为"第一发明文件"制度。这意味着产品发明的实际日期不再有意义。相反,无论何时构思发明,该专利的所有者都是第一提交人。《专利法》中这一显著变化已经使许多公司或个人重新思考如何去开发、披露和保护他们的新产品创意和设计变更。

有时工程师需要一个 3D 打印模型来确定一些产品特性,以准备专利申请、产品文档,或将产品细节传达给他人。图片可能胜过千言万语,但物理原型通常

对工程师可视化复杂的机器组件很有用。很多时候,需要对这些原型进行物理测试,以便根据测量结果做出决策。生产这种组件的方法称为快速成型制造,俗称3D打印。这些过程的优点是,在几个小时内便可依据计算机生成的绘图制造出复杂的三维对象。

一些快速成型制作系统使用激光将液体聚合物层熔合在一起(立体光刻法)或将粉末形式的原材料熔化。另一种制作技术使用移动打印头(类似于喷墨打印机中使用的打印头)将液体黏合剂喷射到粉末上并逐渐"黏合"成型。本质上,快速成型制作系统的核心是3D打印机,它能够将部件的电子表示转换成塑料、陶瓷或金属部件。图3-10展示了两个3D打印快速成型系统和不同材料组合打印的3D打印假手。这些快速成型制作技术可以生产由聚合物和其他材料制成的耐用且功能齐全的模型,这些组件可以组装、测试,并越来越多地用来生产零件。

图3-10　3D打印快速成型系统和不同材料组合打印的3D打印假手

3.3　现代设计理论与方法

设计过程的本质是把一种设想通过需求分析、功能分解、结构映射而转化成技术性创作与创意活动,并通过一定的手段和途径,把需求转化为可感知的形式。在这个创造性活动中,工程师们必须按照一系列科学原理,采用先进的技术手段和方法才能实现预期目标。

3.3.1　现代设计基础理论

1) 机械(构)运动学

机械(构)运动学仅从机构的角度来研究机构几何位置随时间变化的规律,

并开展机构运动设计的学科。机械(构)运动学的研究过程通常把研究对象简化为质点和刚体模型,并将两者作为运动分析的基础。点的运动学特征包括点的运动方程、轨迹、位移、速度、加速度等,但这些特征与所选参考系有关;刚体具有更复杂的运动特征,包括刚体本身的转动过程、角速度、角加速度等。按运动的特性可将刚体运动分为平动、绕定轴转动、平面平行运动、绕定点转动和一般运动。

运动学是理论力学的一个分支学科,运动学不考虑力和质量等因素影响,运用几何学的原理与方法,来研究物体(质点和刚体)的运动规律。如果涉及物体(质点和刚体)运动和力的关系,则是动力学的研究课题,因此,运动学是动力学与机械学研究的理论基础。

古代,人们通过观察地面物体和天体运动,逐渐形成了物体在空间中的位置随时间变化的概念,这在我国战国时《墨经》中已有记载。亚里士多德在《物理学》中应用速度的概念讨论自由落体运动和圆运动。

19 世纪末以来,人们为了适应不同生产需要,研发了由不同动作机构组成的机器,并得到广泛使用,于是产生了机构学。机构学的主要任务是分析机构的运动规律,并按照所需要的运动规律,设计出新的机构或机器。随着自动化技术的发展,机构运动学的研究内容得到了进一步拓展,如各种平面和空间机构运动分析和综合等。目前,作为机构学理论基础的运动学已经成为经典力学中一个独立的分支学科。如图 3-11 所示为七自由度机械臂运动学模型。

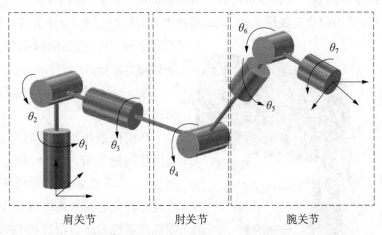

图 3-11　七自由度机械臂运动学模型

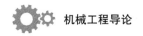

2）机械动力学

机械动力学（dynamics of machinery）是研究机械运动/运行过程中各构件的受力与质量及运动参数之间相互关系的学科，是机械原理的主要内容之一，也是现代机械设计理论基础的重要组成部分。机械动力学的研究内容包括三个方面：一是研究机械在力作用下的运动规律；二是研究机械在运动过程中产生的力；三是从力和运动相互作用的关系出发，进行机械结构或机构的设计与改进。具体可归纳为以下几类问题：

（1）已知外力作用下的机械系统运动规律研究，以及各构件之间相互作用力的分析与求解。机械系统中机械结构设计、构件支承和承载力分析，以及运动副润滑方法的合理选择等，主要依赖于机械系统运行过程中各构件之间相互作用力的大小和变化规律。具体过程是先求出机械系统运动规律，然后算出各构件的惯性力，最后根据达朗贝原理，用静力学方法计算各构件间的相互作用力。

（2）机构中的回转构件和机构平衡、能量平衡以及分配的理论和方法研究。作用在机械系统基础上周期变化的震颤力和震颤力矩对整个系统的运行是有害的，平衡就是消除或减少这种震颤力和震颤力矩。具体的消除方法在后续的课程中学习。有关机械系统振动问题的研究已发展成为内容丰富、自成体系的一门学科。机械系统运行过程中的能量平衡和分配主要包括机械系统效率的分析和计算，调速系统的设计理论与方法，飞轮机构的设计与应用等。

（3）平面及空间机构的分析与综合。平面和空间机构的分析与机构综合是机构学的重要内容。机构分析是对已有机构的研究，包括结构分析、运动分析和动力分析；机构综合是根据结构、运动和动力等方面的要求，设计出新机构/机器的理论与方法，包括结构综合、运动综合和动力综合。

图 3-12 所示为某型炮扬弹动力学模型。

在机构系统动力学研究过程中，为简化问题求解，常把机械系统当作理想的、具有稳定约束的刚体系统来处理。常见的机械系统可分为单自由度机械系统和多自由度机械系统：对于前者用等效力和等效质量的概念，把系统的动力学问题转化为单个刚体

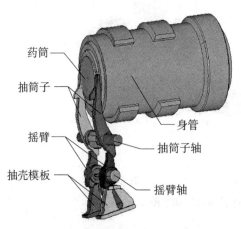

药筒
抽筒子
摇臂
抽壳模板
身管
抽筒子轴
摇臂轴

图 3-12　某型炮扬弹动力学模型

的动力学问题进行处理;对于后者,其系统动力学问题常用拉格朗日方程求解。机械系统动力学方程是多参量非线性微分方程,直接求解困难,需要借助电子计算机用数值方法迭代求解。

伴随着科技的发展和需求的个性化,自动调节与智能控制技术已成为现代机械系统/机器不可缺少的组成部分。这使得机械动力学研究对象已扩展到自动控制、人工智能等领域。

在高速与精密机械系统设计中,为保证机构位置的精确度和稳定性,必须考虑构件的弹性效应,因此,一门新学科,即运动弹性体动力学正在诞生,它把机构学与机械振动和弹性理论结合起来开展研究。

另外,针对一些具有特殊需要的机械系统,变质量的机械动力学问题亟待解决。在研究机械系统动力学问题时,需要采用各种仿真模拟理论与方法,以及进行机构运动和动力学参数的测试方法研究,这是机械系统动力学研究的有效手段。这些研究主要包括分子机械动力学研究、往复机械的动力学分析及减振研究、机械系统的碰撞振动与控制研究、流体动力学在流体机械领域中的应用、转子动力学理论与机械故障诊断技术、航天器动力学及智能结构技术。图3-13所示为各类机械动力学模拟与测试图。

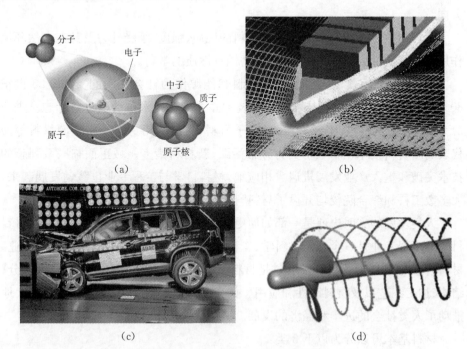

图3-13　各类机械动力学模拟与测试
(a)分子动力学模型;(b)船舶减震降噪分析;(c)汽车碰撞试验;(d)螺旋桨流体动力学分析

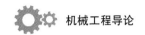

3）材料科学与工程

材料是人类用于制造物品、器件、构件、机器或其他产品的物质。而材料学是研究材料组成、结构、材料制备或工艺与材料使用性能之间相互关系的科学。大千世界处处都有材料科学的身影，涉及人类的衣食住行，材料包含金属、橡胶、陶瓷等，涉及各行各业。

现代材料科学更加注重多种学科相互交叉渗透，以及各种材料的交叉性和综合性研究，如固体物理学和材料化学等。在电子技术和微电子技术中使用的材料叫作电子材料，如介电材料、半导体材料、导电金属及其合金材料、磁性材料、光电子材料等。电子材料是现代电子工业和科学技术发展的基础。以力学性能为基础，制造受力构件所用的材料称为结构材料。由于结构材料的应用环境不同，对其物理或化学性能的要求也不同，表现在光泽、热导率、抗辐照、抗腐蚀、抗氧化等方面。功能材料是指通过光、电、磁、热、化学、生化等作用后具有特定功能的材料，如光、电功能，磁功能，分离功能，形状记忆功能等。用于与生命系统接触和发生相互作用的，并能对其细胞、组织和器官进行诊断治疗、替换修复或诱导再生的一类天然或人工合成的特殊功能材料称为生物材料或生物医用材料，属于多种学科相互交叉渗透的领域，也是材料科学领域中正在发展的一个方向。

工程材料学是一门研究工程用材料的性质、强度、承受外力及其在自然环境作用下的耐久性、抗冻融、抗风化、抗磨蚀等性质的学科。

20 世纪 70 年代，人们把信息、材料和能源作为社会文明的支柱。20 世纪 80 年代又把新材料、信息技术和生物技术并列为新技术革命的重要标志。进入 21 世纪，以纳米材料、超导材料、光电子材料、生物医用材料及新能源材料等为代表的新材料技术创新显得更为异常活跃，新材料诸多领域正面临一系列新的技术突破和重大产业发展机遇。相应地，材料科学与工程专业也蓬勃发展起来，大多数工科和综合院校均开设了材料科学与工程专业。

人类发展的文明史就是一部如何更好地创造材料和应用材料的历史。材料科学与工程专业是一个涉及材料学、工程学和化学等多学科的较宽口径的专业。材料科学与工程专业的基础学科是材料学、化学和物理学，主要研究材料成分、结构、加工工艺以及材料改性和应用。如今，各种材料的不断创新和发展极大地推动了人类社会的进步和经济的发展。

材料基本可以分为以下 3 类：

（1）高分子材料（polymer material），即无机非金属（inorganic nonmetallic

materials),包括陶瓷材料、半导体材料等。

(2) 金属(metal),一般分为铁基金属(黑色金属)、非铁基金属(有色金属)。

(3) 复合材料(composite materials),由两种或者更多种材料以恰当的组合方式构成。一般会以一种材料为基体,另一种材料为增强体。图 3-14 所示为工业应用中的典型材料。

图 3-14   工业应用中的典型材料
(a)导电高分子材料;(b)多孔陶瓷材料;(c)金属材料;(d)复合材料

3.3.2   现代设计方法

伴随科学技术的飞速发展和计算机技术的广泛应用,现代设计方法应运而生,并得到快速发展,它是以设计产品为目标的一门新兴多元交叉学科。现代设计方法的主要研究内容包括优化设计、可靠性设计、计算机辅助设计、工业艺术造型设计、虚拟设计、疲劳设计、相似性设计、模块化设计、反求工程设计、动态设计、有限元法、人机工程、价值工程、并行工程、人工智能方法等。

在运用这些理论与方法进行产品设计时,一般都通过计算机进行分析、计算、综合和决策。本节以计算机辅助设计、优化设计、可靠性设计、有限元法、工业艺术造型设计、反求工程设计等为例来说明现代设计方法的基本内容与特点。

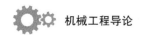

1) 计算机辅助设计

计算机辅助设计(computer aided design，CAD)是将计算机技术作为辅助设计过程的工具来完成设计对象的计算、选型、绘图及其他作业的一种现代设计方法。计算机、绘图仪及其他外围设备构成 CAD 的硬件系统，操作系统、语言处理系统、数据库管理系统和应用软件等构成 CAD 的软件系统。一般而言，计算机辅助设计系统由硬件系统和软件系统组成，具有造型、计算、图形处理、数据库管理等功能。图 3-15 所示为使用计算机辅助设计系统建立的船用柴油机三维模型。

图 3-15　船用柴油机计算机辅助设计三维模型

2) 优化设计

优化设计(optimal design)是以计算机为手段，依据所追求的设计目标及给定的约束条件，从多种可行方案中选择最优方案的过程，是最优化数学原理在工程设计中的具体应用。优化设计的步骤包括建立数学模型、设置约束条件、选择优化算法和自动筛选求解。

工程实践中，设计方案通常用一组参数来表示。在建立优化设计数学模型过程中，把影响设计方案选取，即需要在设计中优选的参数，称为设计变量；设计变量满足的条件，即允许的范围，称为约束条件；将用于衡量设计方案优劣并期望得到改进的指标参数表达成设计变量的函数，称为目标函数。我们把设计变量、约束函数、目标函数合称为优化设计的数学模型。

采用计算机进行优化设计的过程就是把所建立的数学模型和选择的优化算法，在计算机程序中进行自动寻优求解的过程。常用的优化算法有 0.618 法、鲍威尔(Power)法、惩罚函数法。图 3-16 所示为桥梁拓扑优化结果。

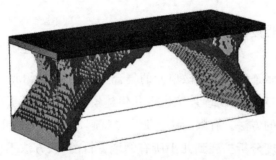

图 3-16 桥梁拓扑优化结果

3）可靠性设计

所谓可靠性，是指产品在规定的时间内和给定的条件下，完成规定功能的能力。可靠性分为固有可靠性、使用可靠性和环境适应性。可靠性设计（reliability design）是保证机械系统及其零部件满足规定的可靠度或无故障率或失效率等可靠性指标要求的机械设计方法，它是以概率论和数理统计为理论基础，是以失效分析、失效预测及各种可靠性试验为依据，以保证产品的可靠性为目标的现代设计方法。

可靠性设计的基本内容是选定产品的可靠性指标及量值，对可靠性指标进行合理的分配，再把规定的可靠性指标设计到产品中去。图 3-17 所示为自升

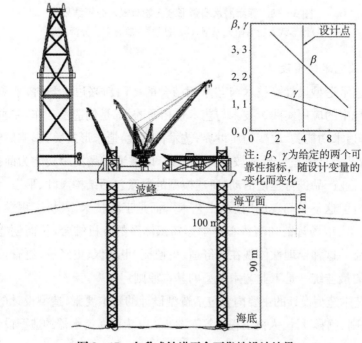

图 3-17 自升式钻进平台可靠性设计结果

69

式钻井平台可靠性设计结果。

4) 有限元法

有限元是表示连续域的离散单元的集合。有限元法(finite method)是以电子计算机为工具,对真实物理系统进行几何建模并赋予载荷工况从而进行一种数值模拟与分析的方法。有限元法自诞生之日起,经过短短数十年的发展,迅速从最初的结构强度分析扩展到几乎所有领域。目前,该方法不仅能用于分析求解工程中复杂的非线性问题,也适应于结构力学、流体力学、热传导、电磁场等方面非稳态问题的分析求解,包括工程设计中复杂结构的静态和动力学分析,以及复杂零件的应力分布和变形分析与计算,是复杂零件强度和刚度计算的有效工具。图 3-18 所示为深海潜水器蛋形载人舱有限元分析结果。

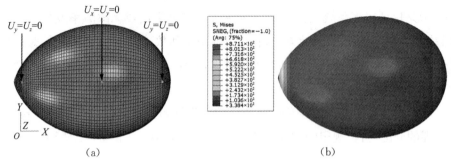

图 3-18　深海潜水器蛋形载人舱有限元分析结果
(a)蛋形载人舱有限元模型;(b)蛋形载人舱有限元分析结果

5) 工业艺术造型设计

工业艺术造型设计是技术与艺术相结合的一门新兴边缘学科,来源于美学在技术领域中的应用实践。技术与艺术是相通的,都是创造性工作,差别在于技术偏理性,追求功能美,改变物质世界;艺术偏感性,追求形式美,影响感情世界。因此,工业艺术造型设计旨在按照美学法则,以保证产品使用功能为前提,用艺术手段对工业产品进行建模活动,所建模型的要素包括结构尺寸、形态、色彩、材质、装饰等,但这不是简单的"技术+艺术",而是工程技术、人机工程学、人文社科、艺术美学、市场营销和消费心理学等知识体系的有机结合,从而创造出更为合理的产品。这种合理性体现在更舒适、更便捷、更环保、更经济、更有益等。实用和美观的最佳统一是工业艺术造型的基本原则。

工业艺术造型设计的主要内容包括造型设计的基本要素、造型设计的基本原则、美学法则、色彩设计、人机工程学等。图 3-19 为深海潜水器的造型设计图。

图 3-19　深海潜水器造型

6) 反求工程设计

反求工程设计(reverse engineering)也称逆向工程或逆向技术,是采用一定的测量技术与手段对目标物体或产品进行测量,并根据测量结果进行实物三维模型重构的技术与方法,其目的是消化吸收并改进国内外先进产品和技术。反求工程设计过程是通过对已有先进产品的实物或技术资料进行分析、解剖和试验,掌握其材料、结构组成与功能特性,以及工作原理和工艺方法,以便进行消化仿制、结构改进或创造一种新的产品。图 3-20 所示为汽车反求设计现场。

图 3-20　汽车反求设计现场

3.4　现代设计工具

工具原指工作时所需用的器具,引申为达到、完成或促进某一事物的手段。

随着科学技术的发展,人们对产品需求的日益个性化使得产品结构与技术的复杂性程度不断提高,造成传统设计手段(工具)不能在现代产品开发中有效发挥作用。因此,工程师们开发了现代化设计工具,来提升设计水平、质量与效率。

3.4.1 CAD 技术与应用

1) CAD 技术的概念及发展史

计算机辅助设计是利用计算机及其图形设备帮助设计人员对不同设计方案进行分析、计算与比较,从而得出最优方案的过程。

工程领域的 CAD 最早是指 computer aided drafting/drawing,其功能仅仅是二维平面辅助绘图,而不是建立在三维技术基础上的计算机辅助设计。随着计算机技术的发展及 CAD 技术研究的深入,符合设计思维习惯的三维 CAD 技术应运而生,产品的整个设计过程可以完全在三维模型上展开,直观形象。图 3-21 所示为用 CAD 绘制的三维结构图。

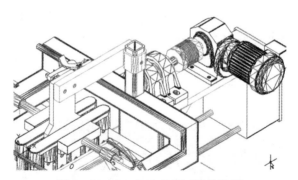

图 3-21　AutoCAD 绘制三维结构图

(1) 第一次 CAD 技术革命——曲面造型系统。曲面在产品构型中不可缺少。曲面造型就是利用 CAD 软件对曲面形状产品的外观进行建模。造型过程就是使用三维 CAD 软件的曲面造型指令构建产品的外观曲面。曲面造型系统的典型代表有 CATIA、ProE、UG 等,为计算机建模领域带来了 CAD 技术革命,改变了以往借助油泥模型来近似表达理想曲面的手段。图 3-22 为使用 CATIA 软件进行曲面造型的结果。

(2) 第二次 CAD 技术革命——实体造型技术。任何复杂产品的形态都可以看成是由三维几何形体构成的组合体。计算机中的产品描述称为几何模型,该模型包含产品的形状、尺寸大小、位置与结构关系等几何信息。因此,实体造

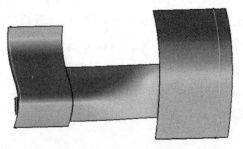

图 3 - 22　CATIA 曲面模型

型技术就是产品在计算机中的三维几何描述,也称为 3D 几何造型技术。用于建立 3D 模型的计算机软件系统称为实体造型系统。

美国 SDRC 公司于 1979 年发布了世界上第一个大型 CAD/CAE(computer aided engineering,计算机辅助工程)软件——I - DEAS,该软件具有很强的实体造型功能,能够精确表达产品零件的全部属性,实现了 CAD、CAE、CAM (computer aided manufacturing,计算机辅助制造)模型表达的统一性。因此,可以说实体造型技术的产生和广泛应用标志着 CAD 发展史上的第二次技术革命。图 3 - 23 所示为 I - DEAS 实体模型示例。

图 3 - 23　I - DEAS 实体模型

(3) 第三次 CAD 技术革命——参数化技术。参数化(parametric)设计也叫尺寸驱动(dimension-driven)设计,这种设计基于产品模型的易修改性要求。20世纪 80 年代中期,美国 CV 公司提出了参数化实体造型方法,即将产品模型中定量化的几何信息变量化为可任意调整的参数,只要通过对这种变量化的参数

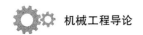

赋予不同数值,就可以改变零件的模型,包括模型大小和形状。参数化设计的主要特点包括基于特征、全尺寸约束、全数据相关、尺寸驱动设计修改。

虽然参数化设计思想由美国 CV 公司部分高管提出,但其技术方案没有得到公司认可,他们集体离开了 CV 公司,成立了另外一个参数技术公司(Parametric Technology Corp.),并开始研制参数化设计软件,这就是我们熟知的 Pro/E 的参数化软件,其参数设计界面如图 3-24 所示。

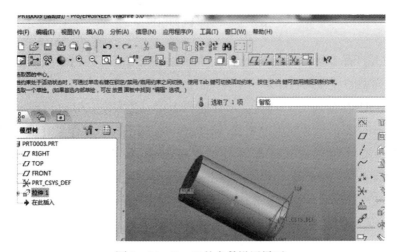

图 3-24 Pro/E 的参数设置界面

20 世纪 80 年代末,随着计算机技术发展,CAD 技术的使用成本大幅下降,很多中小型企业有能力应用 CAD 技术。进入 20 世纪 90 年代,参数化技术发展较为成熟,常用的参数化设计软件有 Pro/Engineer、UGNX、CATIA 和 Solidworks 等,它们各有特点。参数化技术的诞生与应用,推动了 CAD 技术的第三次革命。

2) 应用及案例

CAD 技术目前已广泛应用于产品的设计过程,包括概念设计、详细设计、结构分析、优化以及仿真模拟等阶段。在这一过程中,CAD 技术作为手段,极大地提高了设计质量和效率。目前,CAD 技术已在制造业中得到广泛应用,包括机床、汽车、飞机、船舶、航空航天等领域。随着相关技术的发展,CAD 应用系统已经集成了设计、绘图、分析、仿真、加工等一系列功能。

CAD 技术在工程领域中的具体应用包括产品结构设计、建筑设计、城市规划设计、城市交通设计、船舶管路设计、电气和电子电路设计等。图 3-25 所示为 CAD 绘制的安全阀排放管路布置工程图。

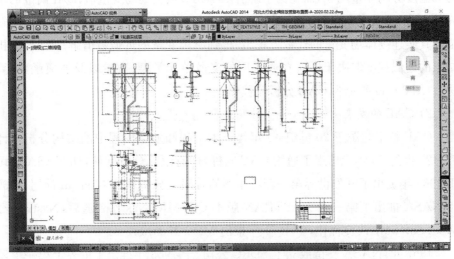

图 3 - 25　安全阀排放管路布置工程图

CAD 技术也可以用于仿真模拟和动画制作,如零件的加工过程、物体运动模拟等,此外,在家电、服装、医疗等领域中,CAD 技术也得到广泛应用。

3.4.2　CAE 技术与应用

1) CAE 技术的概念及发展史

CAE 为计算机辅助工程,用于工程设计中的分析、计算和仿真,细分为工程数值分析、结构与过程优化设计、强度与寿命评估、运动学与动力学仿真、产品使用与可靠性验证等,具体来说,是通过计算机软件求解复杂产品或系统的结构强度、刚度、屈曲、动力响应、流场、电磁场、热传导及其相互耦合关系等。

CAE 分析的基本过程包括:①将一个复杂结构的连续体区域分解为有限个简单子区域,即将一个连续体简化为由有限个单元组成的等效组合体;②将连续体离散化,即把求解连续体的应力、位移、压

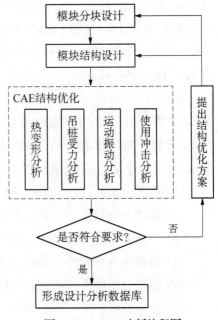

图 3 - 26　CAE 分析流程图

75

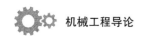

力和温度等场变量问题,简化为求解有限单元节点上的场变量值;③在离散的单元体上,赋予工况条件(已知物理量、边界、约束定义);④选择适当的算法,求解描述真实连续体场变量的代数方程组,得到所求变量的近似数值解。CAE 分析结果的近似程度取决于所选择或采用的离散单元类型、数量以及插值函数(算法)。图 3 – 26 所示为 CAE 分析流程图。

2)CAE 的发展史

CAE 技术起源于 20 世纪 40 年代土木工程和航空工程中的结构分析与计算。20 世纪 60 年代出现了通用 CAE 软件,即有限元分析软件,如 NASA 公司于 1966 年提出了开发世界第一套泛用型的有限元分析软件 Nastran 计划,1969 年 NASA 推出了第一个 NASTRAN 版本 COSMIC Nastran,随后,Nastran 经 MSC.Software 改良优化,于 1971 年推出 MSC.Nastran。

1967 年,NASA 支持成立了 SDRC 公司,于 1968 年推出了世界上第一个动力学测试及模态分析软件;1970 年,Ansys 公司成立,并发布了 Ansys 大型通用有限元分析(FEA)软件;1972 年,UAI 公司推出了基于 COSMIC NASTRAN 的 UAI Nastran 软件;1977 年,Mechanical Dynamics Inc.(MDI)公司成立,致力于机械系统仿真软件开发,其软件 ADAMS 应用于机械系统运动学、动力学仿真分析,后被 MSC 公司收购。1978 年,David Hibbitt 建立 HKS 公司,推出了 Abaqus 软件,该软件进入商业软件市场。1985 年,CSAR 公司推出了基于 COSMIC NASTRAN 的 CSAR Nastran 软件;1985 年,Alatir 公司成立,并于 1989 年推出了功能强大的有限元分析前后处理软件 HyperMesh,2000 年整合发布了 HyperWorks;2001 年 SDRC 公司被 EDS 所收购,并与 UGS 合并重组。

由此可见,20 世纪 70—80 年代是 CAE 技术的蓬勃发展期,到了 20 世纪 90 年代,许多 CAD 软件开发商也大力开发自身 CAD 软件的 CAE 功能,或并购其他 CAE 软件来拓展软件的 CAE 功能,如 CAITA、SOLIDWORKS、UG 等。目前,部分商业化的 CAE 软件如下。

(1)强度分析软件:Ansys、Abaqus、Nastran 等。

(2)流体分析软件:Fluent、Cfx、Starcd 等。

(3)多体动力学分析软件:Adams、Simpack 等。

(4)电磁场分析软件:Ansoft、Magneforce 等。

(5)铸造分析软件:Magma、Anycasting、Procast 等。

(6)注塑分析软件:Mold flow、Moldex3d 等。

3) CAE 技术的应用及案例

计算机辅助工程 CAE 技术应用广泛,贯穿产品整个生命周期及各个技术领域。目前,大多数有限元分析软件都能够与多数计算机辅助设计(CAD)软件、计算机辅助制造软件(CAM)、产品数据管理软件(product data management,PDM)、企业资源计划管理软件(enterprise resource planning,ERP)集成,实现数据交换和共享。CAE 技术应用领域包括结构、流体、电场、磁场、声场,以及它们的耦合分析与仿真。CAE 技术应用行业包括机械、电子、土木、造船、石油化工、航空航天、核工业、铁道、能源、汽车交通、国防军工、生物医学、轻工、家电等。

交通事故给社会和家庭带来巨大的经济和精神损失,交通安全与每一个社会成员息息相关,因此,交通安全仿真对降低交通安全风险,具有重要理论意义和实用价值。交通安全仿真是基于虚拟现实技术,模拟"人-车-环境"相互作用性能及评估事故特征。该模拟过程通过建立虚拟环境,设计各种事故诱发因素,对"人-车-环境"运行全过程进行跟踪和评价。图 3-27 所示为轮胎打滑仿真模拟图。

图 3-27 轮胎打滑仿真模拟

3.4.3 CAM 技术与应用

1) CAM 技术的概念及发展史

计算机辅助制造(CAM)是指应用计算机来模拟产品制造过程,即用计算机对生产设备管理、控制和操作。CAM 软件系统既可以利用计算机辅助完成从原材料到产品的全过程管理与控制,也可以完成制造过程中某个环节的管理与控制。一般而言,我们所说的 CAD/CAM 集成系统主要指计算机辅助机械加工,即数控加工。这个系统的输入是零件的工艺路线和工序内容,输出是刀具加

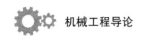

工轨迹(称刀位文件)和数控程序(由一系列指令组成)。

2) CAM 计算机辅助工程的发展史

CAM 技术伴随着数控机床的产生而产生,伴随着数控技术和计算机技术的发展而不断发展。20 世纪 50 年代,人工或辅助式直接计算数控刀路属第一代 CAM 系统。20 世纪 70 年代,CAD 和 CAM 的一体化称之为第二代 CAM 软件。20 世纪 80 年代,计算机集成制造系统(CIMS)是一种智能化制造系统。20 世纪 90 年代,CAM 技术向标准化、集成化、智能化的方向发展。

3) CAM 技术的应用及案例

我国 CAM 技术的研究与工业发达国家基本同步,起步于 20 世纪 60 年代末。"六五"期间,个别大型企业和设计部门成套引进了 CAM 系统,并在此基础上开发和应用。当前,我国使用 CAM 技术最多的仍然是国家扶持的航空航天工业、造船业、大型民用企业和科研院所。市面上的 CAM 软件有 MasterCAM、UG、NX、Pro/NC、CATIA 等。图 3-28 所示为 MasterCAM 数控编程界面。

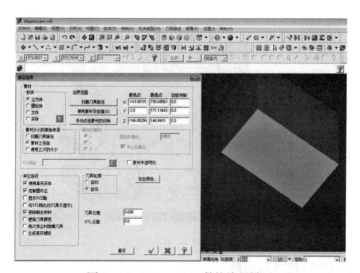

图 3-28　MasterCAM 数控编程界面

3.5　设计标准与规范

为规范设计行为,控制设计质量,工程师们在各自的专业领域内开发了相应的设计标准与规范,其根本目的在于统一。设计标准与规范使得设计具有一定的可复制性,减少设计管理的复杂性,提升设计质量和效率。

3.5.1　通用标准

标准分为国际标准、国家标准、行业标准、地方标准及企业标准,如图 3‒29 所示。GB/T 20000.1—2014《标准化工作指南　第 1 部分：标准化和相关活动的通用词汇》条目 5.3 中对标准的定义为通过标准化活动,按照规定的程序经协商一致制定,为各种活动或其结果提供规则、指南或特性,供共同使用的和重复使用的一种规范性文件。国家标准 GB/T 3935.1—1983 对标准的定义为标准是对重复性事物和概念所做的统一规定,它以科学、技术和实践经验的综合为基础,经过有关方面协商一致,由主管机构批准,以特定的形式发布,作为共同遵守的准则和依据。

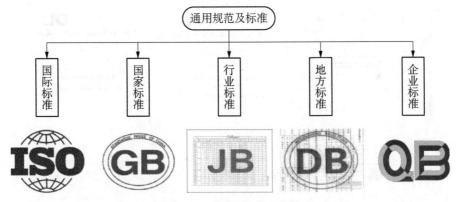

图 3‒29　通用规范及标准

国家标准 GB/T 3935.1—1996《标准化和有关领域的通用术语　第一部分：基本术语》中对标准的定义是：为在一定范围内获得最佳秩序,对活动或其结果规定共同的和重复使用的规则、导则或特性的文件。该文件经协商一致制定并经一个公认机构的批准。它以科学、技术和实践经验的综合成果为基础,以促进最佳社会效益为目的。

国际标准化组织(ISO)的国家标准化管理委员会(STACO)一直致力于标准化概念的研究,先后以“指南”的形式给“标准”的定义做出统一规定：标准是由一个公认的机构制定和批准的文件。它对活动或活动的结果规定了规则、导则或特殊值,供共同和反复使用,以实现在预定领域内最佳秩序的效果。

国际标准是指国际标准化组织(ISO)、国际电工委员会(IEC)和国际电信联

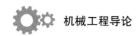

盟(ITU)制订的标准,以及国际标准化组织确认并公布的其他国际组织制定的标准。国际标准在世界范围内统一使用。1964年一个国际标准被12个国家采用,1967年一个国际标准被40个国家采用,目前许多国家直接把国际标准作为该国标准使用。这是由于国际贸易广泛开展,产品在国际市场上的竞争越来越激烈,这就要求产品具有高质量、好性能,还要具有广泛的通用性、互换性。这就需要各国统一按照国际标准生产,如果标准不一致,就会给国际贸易带来障碍,所以世界各国都积极采用国际标准。

我国依据《中华人民共和国标准化法》《中华人民共和国标准化法实施条例》的相关规定,按照适用范围将标准划分为国家标准、行业标准、地方标准和企业标准4个层次。各层次之间有一定的依从关系和内在联系,形成一个覆盖全国又层次分明的标准体系。图3-30所示为各类标准封面。

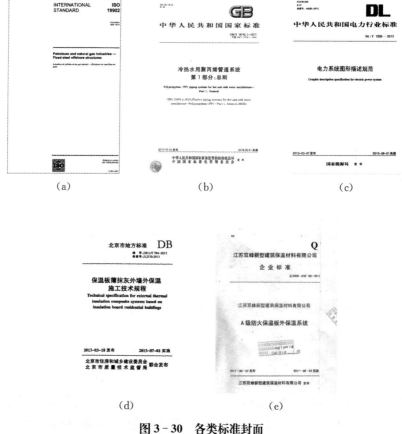

图3-30 各类标准封面

(a)国际标准;(b)国家标准;(c)行业标准;(d)地方标准;(e)企业标准

国家标准是指由国家标准化主管机构批准,并在公告后需要通过正规渠道购买的文件,除国家法律法规强制执行的标准以外,一般有一定的推荐意义。国家标准由国务院标准化行政主管部门编制计划,协调项目分工,组织制定(含修订),统一审批、编号、发布。法律对国家标准的制定另有规定的,依照法律的规定执行。国家标准的年限一般为 5 年,过了年限后,就要修订或重新制定国家标准,以跟上世界同类标准的变化,适应人们生产生活的需求。因此,标准是种动态信息。中国标准按内容划分有基础标准(一般包括名词术语、符号、代号、机械制图、公差与配合等)、产品标准、辅助产品标准(工具、模具、量具、夹具等)、原材料标准、方法标准(包括工艺要求、过程、要素、工艺说明等);按成熟程度划分有法定标准、推荐标准、试行标准、标准草案。

行业标准是在全国某个行业范围内统一使用的标准。行业标准由国务院有关行政主管部门制订,并报国务院标准化行政主管部门备案。当同一内容的国家标准公布后,则该内容的行业标准即废止。行业标准由行业标准归口部门统一管理。行业标准的归口部门就其所管理的行业标准范围向国务院有关行政主管部门提出申请报告,国务院标准化行政主管部门审查确定,并公布该行业的行业标准代号。

地方标准又称为区域标准,对没有国家标准和行业标准而又需要在省、自治区、直辖市范围内统一的对工业产品的安全、卫生要求,可以制定地方标准。地方标准由省、自治区、直辖市标准化行政主管部门制定,并报国务院标准化行政主管部门和国务院有关行政主管部门备案,在公布国家标准或者行业标准之后,该地方标准应废止。地方标准属于我国的四级标准之一。省、自治区、直辖市标准化行政主管部门制定的工业产品的安全、卫生要求等地方标准,在本行政区域内是强制性标准。

企业标准是根据企业范围内需要协调、统一的技术要求、管理要求和工作要求所制订的标准。企业标准由企业制定,由企业法人代表或法人代表授权的主管领导批准、发布。企业标准一般以"Q"开头。依据《企业标准化管理办法》的相关规定,需要实施企业标准化管理,并制定企业标准,标准应按照系列法律法规的要求管理和应用。《中华人民共和国标准化法》规定,企业生产的产品没有国家标准和行业标准的,应当制订企业标准,作为组织生产的依据。已有国家标准或者行业标准的,国家鼓励企业制订严于国家标准或者行业标准的企业标准,在企业内部适用。

3.5.2　机械标准

行业标准是行业发展的风向标和入市准则,是市场营销的制高点,谁拥有制定标准的能力谁就能在市场竞争中立于不败之地。由此可见,制订行业标准的意义非常重大,特别是工程机械行业。长期以来,我国工程机械产品受限于外国高水平产品的竞争压力,一度在市场上处于劣势。

近年来,工程机械行业发展迅猛,然而由于没有跟得上的行业标准,行业发展显得不那么明确,而市场也很难形成一个规范的竞争模式。2008年6月,国家发展和改革委员会办公厅下达了要求各行业制定相应标准的通知,全部项目共计1761项,其中有不少项目涉及工程机械行业。令人欣喜的是,中国工程机械工业协会等相关部门在此之前就已经意识到制订符合发展需求行业标准的重要性,许多工作早已展开,目前正在有条不紊地进行。

随着对机器使用者人身安全关注度的提高以及能源、资源日益紧张等问题的出现,很多新的要求被提出来。之前的行业标准涉及这些方面的较少,不能满足需求,所以相关标准需要修订的部分也非常多。不仅如此,制订合理的工程机械产品标准也是建立进口产品技术壁垒的重要依据。而只有建立较为合理的技术壁垒,才能既满足我国用户需求,又保障行业发展健康有序。目前,我国工程机械发展形势良好,但是还不能称为工程机械强国,许多先进技术仍掌握在外资企业手中。世界贸易组织通过技术贸易壁垒协议等把标准提升到了国际贸易游戏规则的地位,而我国也应该充分利用这个规则促进企业的发展。

机械行业标准(见图3-31)由国家发展改革委统一管理,中国机械工业联合会受委托负责日常工作。标准制修订工作主要由机械工业领域的全国标委会和行业标委会负责。目前,已成立全国标委会90个,行业标委会26个。机械行业标准制修订经费主要由企业支持。标准由机械工业出版社出版发行。

机械行业标准约有8460项。按照中国标准文献分类法(CCS),机械行业标准涉及18个一级类目和290个二级类目,分为基础标准、方法标准、产品标准、安全标准、环境保护标准、管理标准等。其中,基础标准所占比例为6.7%,方法标准为7.7%,产品标准为83%,安全标准为1%,环境保护标准为0.2%,管理标准为1.4%。国际标准采标率为5.3%,国外先进标准采标率为6.5%。

此外,《机械设计手册》(见图3-32)是机械设计领域的权威工具书,该手册全面系统地介绍了常规设计、机电一体化与控制技术、现代设计方法及其应用等内容。该手册具有内容先进、信息量大、取材广、规格全、实用性强、数据可靠、使

J00/09 机械综合	J10/29 通用零部件	J30/39 加工工艺	J40/49 工艺装备
J00 标准化、质量管理 J01 技术管理 J02 经济管理 J04 基础标准与通用方法 J05 结构要素 J07 电子计算机应用 J08 标志、包装、运输、贮存 J09 卫生、安全、劳动保护	J10 通用零部件综合 J11 滚动轴承 J12 滑动轴承 J13 紧固件 J15 管路附件 J16 阀门 J17 齿轮与齿轮传动 J18 链传动、皮带传动与键联结 J19 联轴器、制动器与变速器 J20 液压与气动装置 J21 润滑与润滑装置 J22 密封与密封装置 J24 冷却与冷却装置 J26 弹簧 J27 操作件 J28 自动化物流装置 J29 其他	J30 加工工艺综合 J31 铸造 J32 锻压 J33 焊接与切割 J36 热处理 J38 冷加工工艺 J39 特种加工工艺	J40 工艺装备综合 J41 刀具 J42 量具与量仪 J43 磨料与磨具 J44 一般卡具 J45 组合卡具 J46 模具 J47 手工工具 J48 气动工具

J50/59 金属切削机床	J60/69 通用加工机械与设备	J70/89 通用机械与设备	J90/99 活塞式内燃机与其他动力设备
J50 机床综合 J51 机床零部件 J52 机床辅具与附件 J53 车床 J54 钻、镗、铣床 J55 磨床 J56 齿轮与螺纹加工机床 J57 插、拉、刨、锯床 J58 组合机床 J59 特种加工机床	J60 通用加工机械与设备综合 J61 铸造设备 J62 锻压机械 J64 焊接与切割设备 J65 木工机床及机用工具 J66 热处理设备	J70 通用机械与设备综合 J71 泵 J72 压缩机、风机 J73 制冷设备 J74 压力容器 J75 换热设备 J76 气体分离与液化设备 J77 分离机械 J78 真空技术与设备 J80 起重机械 J81 输送机械 J83 仓储设备、装卸机械 J84 凿岩机械 J86 水工机械 J87 印刷机械 J88 环境保护设备	J90 活塞式内燃机与其他动力设备综合 J91 内燃机与附属装置 J92 机体与运动件 J93 进、排气系统 J94 燃油供热系统 J95 润滑系统 J96 冷却系统与加热装置 J98 锅炉及其辅助设备 J99 其他动力设备

图 3-31　机械行业标准

用方便等特点。全书分 6 卷 52 篇,内容有常用设计资料、机械零部件设计(连接、紧固与传动)、机械零部件设计(轴系、支承与其他)、流体传动与控制、机电一体化及控制技术、现代设计理论与方法等。

图 3‑32　机械设计手册

3.5.3　船海规范

船海相关规范主要由中国船级社(CCS)制订。中国船级社成立于 1956 年,总部设在北京,是国际船级社协会的正式成员。中国船级社为船舶、海上设施及相关工业产品提供世界领先的技术规范和标准,并提供入级检验服务,同时还依据国际公约、规则以及授权船旗国或地区的有关法规提供法定检验、鉴证检验、公证检验、认证认可等服务。经船旗国或地区政府主管机关授权,中国船级社开展法定检验和有关主管机关核准的其他业务,目前已接受了包括中国政府在内的 40 个国际上主要航运国家或地区政府的授权,为悬挂这些国家或地区旗帜的船舶及海上设施代行法定检验。

中国船级社秉承"安全、环保,为客户和社会创造价值"的宗旨,依托其遍布全球的 90 个网点,服务航运、造船、航运金融与保险、船舶配套、海洋资源开发、海洋科学考察、工业项目监理、体系认证、政府政策法规、节能减排、风险管理和评估等多个产业和领域,并不断拓展新的业务领域,具体如图 3‑33 所示。

中国船级社是中国唯一从事船舶入级检验业务的专业机构,制订船舶与海上设施入级规范,同时受交通部海事局委托,承担船舶与海上设施技术法规的编制工作。该社内设规范与技术中心(上海规范研究所)、武汉规范研究所、海工技术中心和技术研发中心等研发机构。

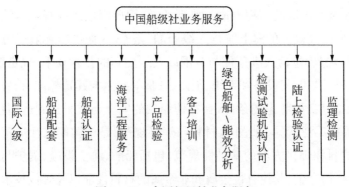

图 3 - 33　中国船级社业务服务

　　自建社以来,中国船级社不断研究国际先进技术标准,利用审图、检验过程中积累的经验逐渐形成了我国海船、内河船舶、海上移动钻井船、固定平台、集装箱等方面的规范和法规体系。船舶规范指南体系覆盖了超大型油轮(VLCC)、超大型集装箱船、超大型矿砂船、薄膜型液化天然气(LNG)运输船、大型车辆运输船等高技术船型,支持了我国船舶工业的发展,促进了水运安全。中国船级社出版的刊物如图 3 - 34 所示。

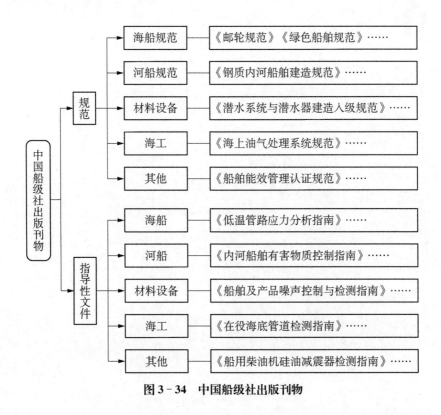

图 3 - 34　中国船级社出版刊物

　　中国船级社出版的刊物中最为典型的是《钢质海船入级规范》,该规范适用于船长为 20 m 及以上的海上航行入级船舶,是 CCS 提供国际航行海船入级服务的基础性规范,包括入级条件与范围以及相配套的技术要求,规定船舶构造、船体结构、机械与电气设备和系统、消防、环保等技术与建造标准、检验和试验要求,以及保持其良好状态的条件,旨在使船舶的安全与质量达到适当水平,该规范得到业界的广泛认同。此外,《材料与焊接规范》是中国船级社规范体系中的一个关于材料和焊接方面的基础性规范,包括船舶、海上设施、锅炉与受压容器等结构钢材、铝合金、其他有色金属和非金属的材料性能以及焊接技术要求。

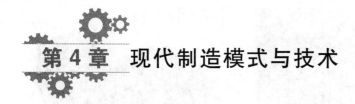

第4章 现代制造模式与技术

本章在介绍制造及其装备概念的基础上,分析了计算机集成制造、敏捷制造、精益生产等几种典型现代制造模式的特点及其系统组成和工作原理。

4.1 制造及其工艺装备

当今社会的发展与进步离不开制造,可以说制造成就了人类的物质文明。装备的自动化和智能化已经成为衡量一个国家制造业水平和核心竞争力的重要指标,而机械制造业的发展水平是衡量一个国家科学技术水平的重要指标。

4.1.1 制造概念

制造一词来源于拉丁词根 manu(手)和 facere(做)。这说明几百年来,制造一直是靠手工完成的。随着社会的发展和制造技术的进步,制造也在顺应历史潮流,有着更深层次的内涵。自第一次工业革命以来,机器发挥着越来越重要的作用。总之,制造是人们根据自己的意志,运用掌握的知识和技能,利用手工或一切可以利用的工具和设备把原材料制成有价值的产品,并把这些产品投放到市场的整个过程的总称。

制造的方法很多,从制造前后质量的变化区分为质量减少制造(见图 4-1)、质量不变制造(见图 4-2)和质量增加制造(3D 打印)(见图 4-3)等 3 种制造方式。

（a）　　　　　　　　　　　　　（b）

图 4-1　质量减少制造

（a）原材料；（b）成品

（a）　　　　　　　　　　　　　（b）

图 4-2　质量不变制造

（a）原材料；（b）成品

（a）　　　　　　　　　　　　　（b）

图 4-3　3D 打印

（a）原材料；（b）成品

4.1.2　制造装备

1) 制造装备概述

"工欲善其事，必先利其器"，制造离不开制造装备，制造装备包括加工设备、工艺装备、仓储输送装备和辅助装备。它与制造方法、制造工艺紧密地联系在一起，是机械制造技术的重要载体。

（1）加工设备。加工设备主要指金属切削机床、特种加工机床，如电加工机床、超声波加工机床、激光加工机床等，还包括金属成形机床，如锻压机床、冲压机、挤压机等。

（2）工艺装备。工艺装备是机械加工中所使用的刀具、机床夹具、模具、量具、工具的总称，它们在制造过程中用来保证制造质量，提高生产效率。切削加工时，从工件切除多余材料或切断材料的工具称为刀具。在机械制造过程中，广泛应用各种不同的工具使工件占有正确的位置，这些将工件夹紧的工艺装备统称夹具。

在工业生产中，把具有特定轮廓或内腔形状、用来制作成型物品的专用工具称为模具。模具由动模和定模（或称凸模和凹模）两部分组成，它在外力作用下能够使坯料成为有特定形状和尺寸的制件。如果使用各种压力机及其专用工具（模具），在压力作用下，可以把金属或非金属材料制成所需形状和具有一定尺寸精度的产品。

使用时具有固定形态，以固定形式变现量值或提供定量已知量值的计量器具称为量具。量具按用途可分为标准量具、通用量具和专业量具。常见的量具有游标卡尺、千分尺、塞尺、千分表、外径千分尺、砝码等。各种类型工艺装备的示例如图 4-4 所示。

（a）

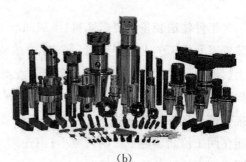

（b）

（c）

图4-4　工艺装备

(a)夹具；(b)刀具；(c)量具

（3）仓储输送装备。仓储用来存储材料、外购件、半成品及工具等（见图4-5）。

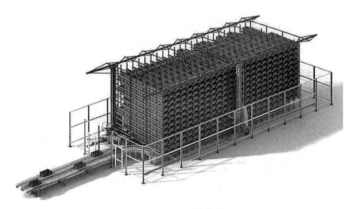

图4-5　立体仓储

工件输送装备主要指坯料、半成品或成品在车间内工作地点间的转移输送装置以及机床的上下料装置。工件输送装备主要应用于流水线和自动生产线上。输送装置的主要类型有悬挂输送装置；辊道输送装置，即由一系列装在固定框架(型钢组成)上的托辊形成的输送装置，靠人工或工件重力输送工件；由刚性推杆推动工件同步输送的步伐式输送装置；抓取机构，即既能为机床上下料，又能在两工位间输送工件的机械手；由连续运动的链条带动工件或随行夹具做非同步运行的链条输送装置。

（4）辅助装备。辅助装备包括清洗机、排屑装置及各种计量装置等。清洗机是用来清洗工件表面油污和尘屑的机械设备。所有零件在装配前均需经过清洗,以保证装配质量和使用寿命。排屑装置(见图 4-6)用在自动线或自动机床上,从加工区域将切屑清除,然后将其输送到机床外或自动加工生产线外的小车内。清除切屑常用压缩空气、切削液冲刷等方法。输送切屑装置常用平带输送器、螺旋输送器、刮板输送器。

图 4-6　排屑装置

2)通用的加工设备

(1)车床。车床主要用于车削加工,车床的工艺范围很广,可车削各种轴、盘套类的回转表面,如内外圆柱面、内外圆锥面、环槽及成形回转面,还可以车削端面、螺纹,也可以进行钻孔、扩孔、铰孔、攻螺纹、滚花等加工。图 4-7 给出了卧式车床所能加工的典型表面。另外,在车床上稍微改装,可进行镗孔、车削球面、滚压、珩磨等加工。

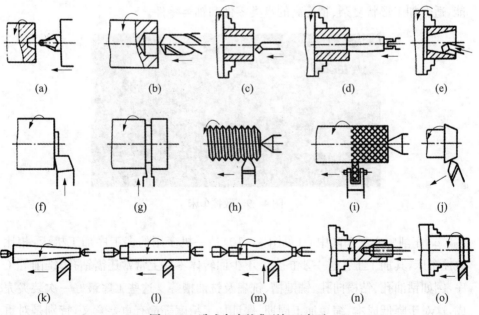

图 4-7　卧式车床的典型加工表面

(a)车孔定位;(b)钻孔;(c)镗内孔;(d)铰孔;(e)镗内锥孔;(f)车端面;(g)车退刀槽;(h)车螺纹;
(i)滚花;(j)车锥度;(k)车长锥;(l)车长轴;(m)车哑铃形;(n)攻丝;(o)车外圆

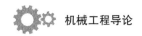

按照自动化程度不同,车床大致可以分为普通车床、数控车床和切削中心。各种不同类型的车床虽然结构各异,但在许多方面仍有共同之处。

a. 普通车床。普通车床的普适性好,适用于加工各种轴类、套筒类和盘类零件的回转表面。CA6140 型卧式车床(见图 4-8)的加工范围较广,但其结构复杂且自动化程度较低,常用于单件、小批量生产。

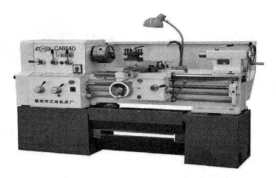

图 4-8　CA6140 车床

b. 数控车床。数控车床(见图 4-9)又称为 CNC 车床,即计算机数字控制车床是一种高精度、高效率的自动化机床,具有广泛的加工工艺,可加工圆柱面、圆锥面和各种螺纹、槽、蜗杆等复杂工件,具有直线插补、圆弧插补各种补偿功能,适合加工形状复杂、精度高的盘类零件和轴类零件。

图 4-9　数控车床

c. 车削中心。车削中心(见图 4-10)是一机多用的多工序加工机床,相比数控车床,其加工工艺进一步扩大。不少回转体零件上常常还需钻孔、铣削等工序,例如钻油孔、钻横向孔、铣键槽、铣扁及铣油槽等。这些工序最好一次装夹完成,这对于降低成本、缩短加工周期、保证加工精度等都有重要意义,特别是对重型机床,更能显示其优点,因为其加工的重型工件不易吊装。

图 4-10 车削中心

车削中心与数控车床的主要区别是车削中心具有自驱动刀具,即具有自己独立动力源的刀具,刀具主轴电动机装在刀架上,通过传动机构驱动刀具主轴,并可自动无级变速;车削中心的主轴还另设有一条单独的由伺服电动机直接驱动的传动链,对主轴的旋转运动进行伺服控制。因此,车削中心除实现旋转主轴运动外,还可做分度运动,以便加工零件圆周上按某种角度分布的径向孔或零件端面上分布的轴向孔。

(2) 铣床。铣床是用铣刀对工件的一个或多个表面进行精加工的机床,由一个或多个具有单刃或多刃的高速旋转铣刀来完成铣削加工。

铣削是以旋转的铣刀做主运动,工件或铣刀做进给运动,在铣床上进行切削加工的过程。铣削的特点是使用旋转的多刃刀具进行加工,同时参加铣削的齿数多,整个切削过程是连续的,所以铣床的加工生产率较高。但由于每个刀齿的切削过程是断续的,每个刀齿的切削厚度也是变化的,使得切削力发生变化,产生的冲击会使铣刀齿寿命降低,严重时将引起崩齿和机床振动,影响加工精度。因此,铣床在结构上要求具有较高的刚度和抗振性。

如图 4-11 所示,在铣床上可以加工平面(水平面、侧面、台阶面等)、沟槽(键槽、T 形槽、燕尾槽等)、成形表面(螺纹、螺旋槽、特定成形面等)、分齿零件(轮齿、链轮、棘轮、花键轴等),同时也可用于对回转体表面、内孔的加工及切断等,效率较刨床高,在机械制造和修理部门得到广泛应用。铣床的加工精度一般为 IT9～IT8 级、表面粗糙度为 $R_a 12.5\,\mu m \sim R_a 1.6\,\mu m$,精加工时可达 IT5 级,表面粗糙精度可达 $R_a 0.2\,\mu m$。

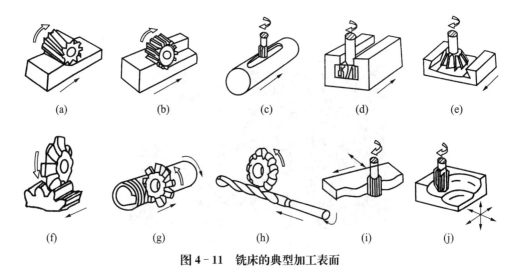

(a)　　　　(b)　　　　(c)　　　　(d)　　　　(e)

(f)　　　　(g)　　　　(h)　　　　(i)　　　　(j)

图 4-11　铣床的典型加工表面

(a)铣平面;(b)铣台阶;(c)铣键槽;(d)铣 T 形槽;(e)铣燕尾槽;(f)铣齿槽;(g)铣螺纹;(h)铣螺
旋槽;(i)铣二维曲面;(j)铣三维曲面

　　铣床种类很多,根据铣床的控制方式可以将其分为通用铣床和数控铣床两
大类;按照机床的布局形式和适用范围可以分为仪表铣床、悬臂及滑枕铣床、龙
门铣床、平面铣床、仿形铣床、立式升降台铣床[见图 4-12(a)]、卧式升降台铣床
[见图 4-12(b)]、床身铣床、工具铣床和其他铣床,如键槽铣床、凸轮铣床、曲轴
铣床、轧辊轴颈铣床和方钢锭铣床等,还包括为加工相应的工件而制造的专用铣
床等。

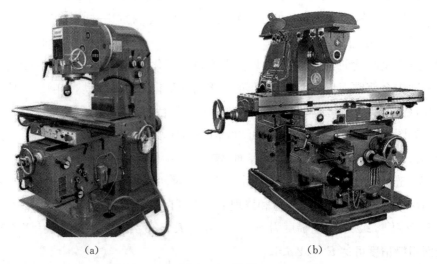

(a)　　　　　　　　　　　　　　(b)

图 4-12　铣床

(a)立式升降台铣床;(b)卧式升降台铣床

（3）磨床。用磨料磨具对工件进行切削加工的机床称为磨床。它是为了适应零件的精加工和硬表面加工的需要而出现的一种机床，是精密加工机床的一种。通常，把使用砂轮作为切削工具进行切削加工的机床称为磨床，如外圆磨床、平面磨床，而把用油石、研磨料作为切削工具的机床称为精磨机床。

磨床工艺范围广，可用于磨削各种表面，如内外圆柱面、圆锥面、平面、渐开线齿廓面、螺旋面以及其他成形表面，还可以刃磨刀具并进行切断等，工艺范围十分广泛。

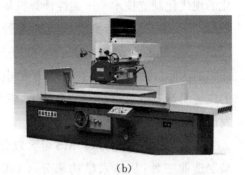

（a）　　　　　　　　　　　　　（b）

图 4-13　磨床
（a）外圆磨床；（b）平面磨床

4.2　现代制造模式与系统

制造模式是指企业体制、生产组织和技术系统的形态和经营运作模式。先进制造模式是指制造业为了提高产品质量和市场竞争力，在生产制造过程中，根据不同的制造环境，通过一种有效的生产方式和特定的组织形式，把各种制造要素有效地组织起来，实现特定环境中高效、柔性、绿色的制造。目前，这种方法已经形成规范的概念、理论和结构，企业可以针对自己不同的制造环境和制造目标加以选用。典型的先进制造模式包括计算机集成制造系统（CIMS）、敏捷制造（AM）、可重构制造系统（RMS）等。

4.2.1　计算机集成制造系统

随着世界市场竞争的日益加剧，制造技术已成为一个国家在竞争中获胜的法宝。因此，为获得全球市场的竞争机遇，20 世纪 70 年代末，美国学者哈林顿博士提出了计算机集成制造（CIM）的概念（哲理）。这一概念于 20 世纪 80 年代初被人们普遍接受,成为制造工业的发展热点。计算机/现代集成制造系统(computer/contemporary integrated manufacturing systems,CIMS)是通过计算机硬软件,并综合运用现代管理技术、制造技术、信息技术、自动化技术、系统工程技术,将企业全部生产过程中有关的人、技术、经营管理三要素及其信息与物流有机集成并优化运行的复杂系统。

20 世纪 80 年代中期,很多先进工业国,如美国、日本、德国、英国、瑞典、瑞士以及苏联等都纷纷制订、实施 CIMS 策略,因此迫切需要采用迅速适应市场变化的现代化制造技术——柔性计算机集成制造技术,以提高生产质量与效率、降低成本、加快产品更新换代、满足多品种、小批量的生产要求。同时,对于发展中国家,尽管其工业技术基础较差,发展先进制造技术的经济实力不足,但迫于所面临的国际、国内市场竞争压力,他们也不得不寻求发展能促进其国民经济发展的先进制造技术,所以中国、新加坡、韩国等发展中国家都积极跟踪研究并迅速发展 CIMS 技术。

从生产工艺方面分,CIMS 可大致分为离散型制造业、连续性制造业和混合型制造业三种;从体系结构来分,CIMS 也可以分成集中性、分散性和混合型三种。

1) CIMS 的三要素

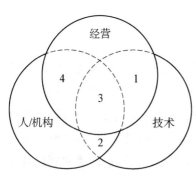

图 4-14 CIMS 三要素

在计算机集成制造系统中,CIMS 三要素的有效集成是至关重要的,它们分别为人/机构、技术和经营,这三者的集成关系如下图 4-14 所示。

由于三要素之间的相互作用、相互制约,从而构成了企业内部的 4 类集成:

(1)经营管理与技术的集成,即利用计算机技术、自动化技术、制造技术及信息技术等各种工程技术,支持企业达到最大的工作效率;

(2)人/机构与技术的集成,即利用各种工程技术支持企业中各类人员的工作,使之相互配合,协调一致,发挥最大的工作效率;

(3)人/机构与经营的集成,即通过人员素质的提高和组织机构的改进来支持企业的经营和管理;

(4)CIMS 三要素的综合集成,使企业达到整体优化。

在三要素中,人的作用最为关键。企业的经营思想的贯彻、技术的发展,归根结底都取决于人。目前,CIMS 并不过分强调物流自动化,而是侧重于以人为中心的适度自动化,即强调人、经营、技术三者的有机集成,充分发挥人的作用。

2) CIMS 的组成

CIMS 由六个分系统组成,分别是功能分系统(经营管理信息分系统、工程设计自动化分系统、制造自动化分系统、质量保证分系统)和支撑分系统(数据库分系统、计算机网络分系统)。CIMS 的基本组成结构如图 4-15 所示。

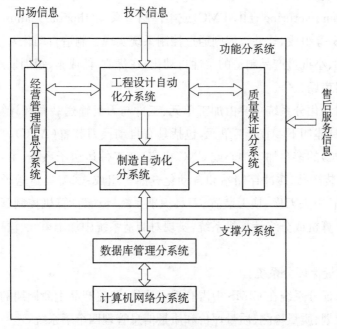

图 4-15　CIMS 基本组成结构

(1) 经营管理信息分系统。

管理信息系统是 CIMS 的神经中枢,指挥与控制着其他各个部分有条不紊地工作。管理信息系统通常是以制造资源计划(Manufacturing Resource Planning, MRPII)为核心,包括预测、经营决策、各级生产计划、生产技术准备、销售、供应、财务、成本、设备、工具、人力资源等各项管理信息功能。

经营管理信息分系统具有三方面的基本功能:信息处理、事务管理、辅助决策。

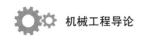

（2）工程设计自动化分系统。

工程设计系统实质上是指在产品开发过程中引用计算机技术，使产品开发活动更高效、更优质、更自动地进行。

产品开发活动包含产品的概念设计、工程与结构分析、详细设计、工艺设计以及数控编程等设计和制造准备阶段的一系列工作，通常所说的 CAD、CAPP、CAM 三大部分。

（3）制造自动化分系统。

制造自动化系统是 CIMS 信息流和物料流的集成系统，硬件集成系统由计算机数字控制（computer number control，CNC）机床、加工中心、柔性制造单元（flexible manufacturing cell，FMC）或柔性制造系统（flexible manufacturing system，FMS）等组成，软件集成则通过控制系统实现。制造自动化系统的目标是实现多品种、小批量产品制造的柔性自动化；在优质、低成本、短周期及高效率生产方面赢得市场竞争。

制造自动化分系统主要由加工单元、工件与刀具输送装置和计算机管控等系统组成，具体如下：①加工单元，包括具有自动换刀装置（ATC）、自动更换托盘装置（APC）的多台加工中心或 CNC 机床；②工件运送子系统，由自动引导小车（AGV）、装卸站、缓冲存储站和自动化仓库等组成；③刀具运送子系统，包括刀具预调站、中央刀库、换刀装置、刀具识别系统等；④计算机控制管理子系统，采用主控计算机或分级计算机系统，实现对制造系统中加工单元、输送系统的控制与管理。

（4）质量保证分系统。

质量保证分系统在 CIMS 中占有重要地位，覆盖产品生命周期的各个阶段，包括质量计划、质量检测、质量评价和质量信息管理四个子系统。

质量计划子系统。《质量管理体系　基础和术语》（GB/T19000 - 2008）给"质量计划"下的定义为"对特定的项目、产品或合同规定由谁及何时应使用哪些程序和相关资源的文件"。质量计划子系统就是以改进质量目标为基础，通过建立质量和技术标准及相关程序，明确可达途径和可达效果，并根据生产计划及质量要求制订检测计划、规程和规范。质量计划用于监测和评估质量目标与要求。

质量检测子系统。质量检测就是采用自动或手工检测手段和方法对零件质量特性进行测定，并采集各类质量数据与规定的质量标准做比较，从而对产品或一批产品做出合格或不合格判断的质量管理方法。为确保检测结果的准确性，检测过程必须按照规定程序和检测范围进行。

质量评价子系统。质量评价是提高产品质量的重要基础,通过建立完善的质量评价体系与制度,可以判断和把握质量发展水平和趋势,预防和改善质量问题,预判威胁人类健康、安全和生存环境的潜在质量危险,帮助企业提高产品服务质量,提升市场竞争力。质量评价系统的内容有产品设计质量评价、外购与外协件质量评价、供货商能力与信誉评价、零部件工序控制节点质量评价、产品质量成本分析及企业质量综合指标分析等。

质量信息综合管理与反馈控制子系统。产品的质量信息是与产品质量有关的法律、法规、市场质量动向,以及产品本身质量指标等方面的信息或数据。质量信息管理与控制系统是企业根据自身的质量经营状况和要求建立的,能进行质量信息的收集、加工、传递、存贮、维护和使用。产品质量信息管理与控制系统具有的功能包括产品质量信息收集、质量报表生成、质量信息综合查询、产品使用质量管理,以及针对发现的各类质量问题的反馈与控制措施。

(5) 数据库管理与计算机网络分系统。

数据库管理系统是 CIMS 信息集成的关键技术之一。CIMS 环境下的工程设计技术、制造自动化技术、质量保证技术以及质量信息管理与控制技术所对应的四个功能系统,都需要数据库及其管理系统支撑,这些信息数据都需要在一个结构合理的数据库系统中进行存储和调用,以保障各子系统信息的交换和共享。

数据库管理和计算机网络是 CIMS 系统的重要支撑系统。为满足数据的安全性、一致性和易维护性,CIMS 系统中的数据库系统通常采用集中与分布相结合的体系构架,通过计算机网络的通信线路,将分散在不同地点、并具有独立功能的多个计算机系统相互连接,按照指定的网络协议,进行数据通信,实现诸如网络中的硬件、软件和数据等资源的共享,最终实现多个系统与设备的集成。

4.2.2　敏捷制造

20 世纪 90 年代,计算机与信息技术突飞猛进,世界发达国家在不同层面上制订了先进制造计划,旨在提高本国在未来世界制造业中的竞争地位和优势。美国为重新夺回制造业的世界领先地位,把制造业发展战略目标瞄向 21 世纪,如美国通用汽车公司(GM)和里海(Leigh)大学的雅柯卡(Iacocca)研究所,组织了由通用汽车公司、波音公司、国际商业机械公司(IBM)、德州仪器公司、美国电话电报公司(AT&T)、摩托罗拉等 15 家著名大公司和国防部代表共 20 人,组成了敏捷制造核心研究队伍。在国防部的资助下,历时三年,于 1994 年底提交了《21 世 纪 制 造 企 业 战 略》研 究 报 告。报 告 中 提 出 了 敏 捷 制 造(agile

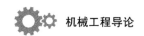

manufacturing, AM)的思想,采用敏捷制造这种新的生产方式既能保障国防部与工业界自身的特殊利益,也能获取他们的共同利益。敏捷制造的基本机构如图 4 - 16 所示。

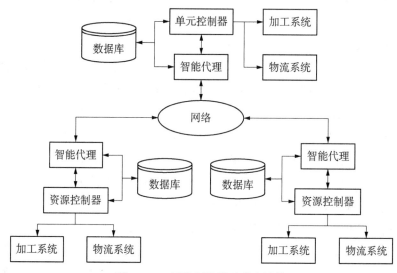

图 4 - 16　敏捷制造单元基本结构

敏捷制造是指制造企业以现代通信技术为手段,通过快速配置包括技术、管理和人员等各种有效资源,快速响应用户需求,实现制造的敏捷性。敏捷制造有三个要素支撑:①管理手段,需要具有创新意识的组织和管理机构;②生产技术,以信息技术和柔性智能技术为主体的先进制造技术;③人力资源,需要有技术、有知识的劳动者。敏捷制造将先进的生产技术、有技术有知识的劳动力与实现企业内部和外部协同合作集中在一起,迅速响应市场需求,因此其具有更灵敏、更快捷的反应能力。

敏捷制造的特点为生产更快、成本更低、劳动生产率更高、机器生产率提高、产品质量提高、生产系统可靠性提高、库存减少,适用于 CAD/CAM 操作。但敏捷制造实施费用高。

4.2.3　可重构制造系统

制造业为人类创造了巨大的社会财富,据不完全统计,发达国家 70% 左右的社会财富是由制造业创造的,为使制造业在国际上处于领先地位,各国政府都高度重视本国制造业的发展,都在积极地探讨新的制造模式。

20 世纪 90 年代,美国提出了敏捷制造模式,不断研讨敏捷制造的概念和理论,并通过工程实践对其加以改进和提高;日本联合欧洲、美国、加拿大、澳大利亚等工业国家,制订以提高制造系统智能化为目的的智能制造研究计划;德国则以本国社会价值观和文化为基础,提出分形公司理论,以期建立一种能凝聚德国优势的新型制造模式。随着不断变化的市场需求驱动,制造系统经历了从 20 世纪初的专用制造系统到 20 世纪中叶的柔性制造系统,再到 21 世纪的可重构制造系统的三次重大变革,如图 4 - 17 所示。

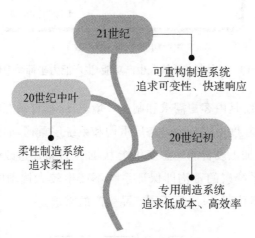

图 4 - 17　制造系统的发展历程

　　可重构制造系统,在综合了专用制造系统和柔性制造系统各自优点的基础上,提出了一种新的制造系统。对于该制造系统,当市场产品需求增大时,可以很快地将新设备无缝地集成到原有系统中,增加原有生产系统的生产能力;当产品种类需求变化时,可以在设备上增加、更换功能模块,改变机床的加工功能,从而满足对新产品加工的要求;当产品工艺路线变化时,可以快速地调整原有系统的布局结构,来满足对新工艺的要求。该制造系统的核心是以企业的自身变化来适应企业环境的变化。这种以变应变的制造模式使得制造企业既具有很高的生产效率,又具有很好的柔性,是未来制造系统的发展方向。

　　可重构制造系统的生产能力和生产功能不是固定不变的,能够根据需要增减和调整,如图 4 - 18 所示。可重构制造系统这种生产能力和生产功能的可变性取决于其可重构的软件和硬件,因此可重构制造系统既可以成为某种形式的专用制造系统,也可以成为某种形式的柔性制造系统,或者是二者结合的产物。

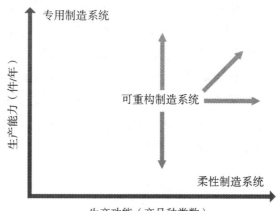

图 4-18　三种制造系统在生产功能-生产能力坐标系中位置

可重构制造系统是由客户需求和制造环境驱动,具有动态重构能力,可重构制造系统按照重构粒度可以分为设备层重构和系统层重构,如图 4-19 所示,设备层的重构即实现加工设备的动态变化能力,加工设备通过改变自身结构,灵活地完成多种任务,系统层的重构即保证系统不产生较大扰动的情况下,允许添加、移动或改变设备位置,以满足不同产品生产的需求。

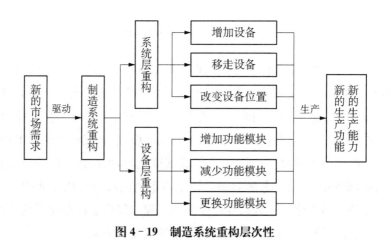

图 4-19　制造系统重构层次性

4.3　先进制造技术与方法

先进制造技术集机械、电子、自动化、计算机、通信等多种技术为一体,是技术、管理和资源有机协调和融合的技术系统。比较典型的有数控技术与装备、机器人技术与应用，以及以 3D 打印为代表的特种加工技术。

4.3.1 先进制造技术及其特点

计算机技术、自动控制理论与方法、数控技术与装备、机器人技术与应用、CAD/CAM/CAPP 技术以及网络通信技术的迅猛发展，促进了先进制造技术的诞生、发展和应用。

所谓先进制造技术是计算机技术、微电子技术、自动化技术和现代信息技术等先进技术在制造业的综合应用，本质上是上述技术与机械工程技术集成所产生的技术、设备和系统的总称，包括单元技术、新型系统和先进工艺方法，体现技术、管理和资源的有机协调和融合。

1993 年，美国政府为增强国内制造业的竞争力和促进国家经济增长，根据本国制造业面临的机遇和挑战，批准了由联邦科学、工程与技术协调委员会（FCCSET）主持实施的先进制造技术计划（advanced manufacturing technology，AMT)计划，此后，欧洲各国、日本以及亚洲新兴工业化国家如韩国等也相继做出响应。

AMT 计划中的项目包括设计、制造、支持等技术以及与这些技术相关的基础设施，如制造准备阶段所需的设计工具与技术、实际生产过程中所需的加工工艺和设备，以及为设计、制造提供所需的基础、关键核心技术。为有效对开发项目进行管理，并加以推广应用，还需要建设基础设施、构建运行体系与机制。AMT 计划的集成创新重点领域包括下一代智能制造单元与设备，适应于新产品、工艺、设备及企业集成化的有效开发工具，确保企业先进制造技术应用获得综合效果的基础设施建设。先进制造技术具有如下特点：

（1）以应用为目标，涉及面广。先进制造技术涉及产品从市场调研、产品开发及工艺设计、生产准备、加工制造和售后服务等产品全生命周期的所有环节，其目的是提高制造业的综合经济效益和社会效益，是面向工业应用的技术。

（2）以集成为主线，系统全面。先进制造技术强调计算机技术、信息技术、传感技术、自动化技术、新材料技术和现代系统管理技术在产品设计、制造和生产组织管理、销售及售后服务等方面的应用，是生产过程的物质流、能量流和信息流的集成，是一个复杂的系统工程。

（3）以融合为关键，渗透性强。先进制造技术既保留了传统制造技术的有效要素，同时也吸收了各种高新技术研究成果，渗透到产品生产的所有领域及其

全部过程,形成了一个从设计、制造到维护全过程的完整技术群。

AMT 技术群包括信息技术、标准和框架、机床和工具技术、物联网技术以及现代管理技术、企业资源计划管理(ERP)技术等。其中,信息技术有互联网＋、通信和接口、数据库、人工智能、专家系统和神经网络、决策支持系统等;标准和框架包括数据标准、产品定义标准、工艺标准、检验标准、接口框架等;机床和工具技术包括高转速与高精度主轴部件、机床结构新材料、先进刀具技术等;物联网技术包括先进传感与控制技术、在线监测与控制技术、制造执行系统等。

AMT 的关键技术包括成组技术(GT)、敏捷制造(AM)、并行工程(CE)、快速成型技术(RPM)、虚拟制造技术(VMT)和智能制造(IM)。

4.3.2　数控技术与装备

随着需求个性化,以及科学技术的高速发展,以数控技术为主要代表的现代制造技术得到了快速发展和应用。数控技术是实现柔性化、自动化、集成化与智能化的基础技术,有效集成计算机、微电子、自动检测、自动控制及信息处理等高新技术于一体,以满足制造业需求个性化。

数控技术具有高速度、高精度、高柔性和高集成化等优点,尤其在多品种、小批量、高效益、复杂形状零件的自动加工中显示出了极大的优越性,在国民经济建设中发挥了极其重要的作用。数控技术不仅在机械加工中获得了广泛的应用,在仪器仪表、医疗电子仪器、纺织、印刷、包装等行业中也得到了普及和发展。

1) 数控机床的发展

从数控机床诞生至今,其发展经历了两个阶段和六代产品。

(1) 直接数控阶段(1952—1970 年)。

早期计算机运算速度慢,不能满足机床实时控制的要求,人们只好用数字逻辑电路"搭"成一台机床专用的计算机系统,这种由硬件电路构成的数控系统,称为硬件数控系统,简称数控(numerical control,NC)。随着电子元器件及计算机技术的发展,这个阶段的数控机床经历了三代,即 1952 年的第一代电子管数控机床;1959 年的第二代晶体管数控机床;1965 年的第三代的集成电路数控机床。

(2) 计算机数控阶段(1970 年至今)。

1970 年以后,通用小型计算机已出现,并投入批量生产,硬件电路元件逐步由专用的计算机代替作为数控系统的核心部件,使数控系统进入计算机数控(computerized numerical control,CNC)阶段。这个阶段也经历了三代,即 1970

年的第四代小型计算机数控机床;1974 年的第五代微型计算机数控机床;1990
年的第六代基于 PC 的数控机床。

目前,随着微电子技术和计算机技术的不断发展,数控技术也随之不断更新
和发展。数控技术在工业领域中的广泛应用,不但给传统制造业带来了革命性
的变化,也使制造业成为工业化的象征,如在制造领域,特别是金属加工领域,配
备数控系统的机床占比已达 70%~80%。此外,数控技术的不断发展和应用领
域的扩大对国防、汽车等国民经济重要行业的发展也起着越来越重要的推动作
用。未来,装备制造业数字化已成为行业发展的必然趋势。

2) 数控机床的分类

数控机床的分类方法很多,可以大致从加工方式、运动控制方式、伺服控制
方式和系统功能水平等几个方面进行分类。

(1) 按加工方法分类。

数控机床是在普通机床的基础上发展起来的,各种类型的数控机床基本上
均起源于同类型的普通机床。按加工方式分类,数控机床大致有如下几种。

① 金属切削类数控机床。金属切削数控机床指采用车、铣、镗、铰、钻、磨及
刨等各种切削工艺的机床,包括数控车床(见图 4 - 20)、数控钻床、数控铣床、数
控磨床、数控镗床以及加工中心。切削类数控机床发展得最早,目前其种类繁
多,功能差异也较大。这里需要特别强调的是加工中心,也称为可自动换刀的数
控机床,这类数控机床都带有一个刀库和自动换刀系统,刀库可容纳 16~100 把
刀具。图 4 - 21 和图 4 - 22 分别是立式加工中心、卧式加工中心的外观图。

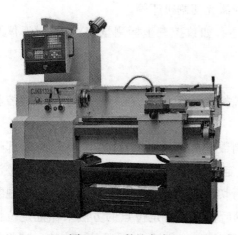

图 4 - 20 数控车床

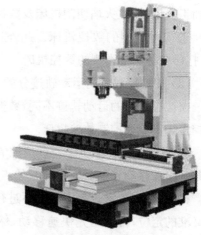

图 4 - 21 立式加工中心

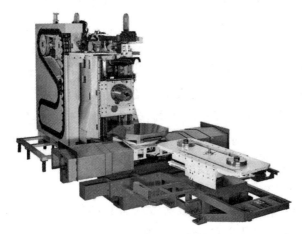

图 4 - 22　卧式加工中心

立式加工中心装夹工件方便,便于找正,易于观察加工情况,调试程序简便,但受立柱高度的限制,不能加工过高的零件,常常用于加工高度方向尺寸相对较小的模具零件,一般情况下,除底部不能加工外,其余五个面都可以用不同的刀具进行轮廓和表面加工。卧式加工中心适宜加工有多个加工面的大型零件或高度尺寸较大的零件。

② 金属成形类数控机床。金属成形类数控机床指采用挤、冲、压及拉等成形工艺的数控机床,包括数控折弯机、数控组合冲床、数控弯管机及数控压力机等。这类机床起步晚,但目前发展很快。

③ 特种数控加工机床。特种数控加工机床包括数控线切割机床、数控电火花加工机床、数控火焰切割机床及数控激光切割机床等。

④ 其他类型的数控机床。此外还有如数控三坐标测量仪、数控对刀仪及3D打印机等其他类型的数控机床。

(2) 按被控对象的运动轨迹分类。

按被控对象的运动轨迹不同,数控机床可分为点位控制数控机床、直线控制数控机床和轮廓控制数控机床。

① 点位控制数控机床。点位控制数控机床只要求当控制机床的移动部件从某一位置移动到另一位置时起始点定位准确,对于两位置之间的运动轨迹没有严格要求,在移动过程中刀具不进行切削加工,如图4-23所示。为了实现既快又准的定位,常采用先快速移动,然后慢速趋近定位点的方法来保证定位精度。具有点位控制功能的数控机床有数控钻床、数控冲床、数控镗床等。随着数

控技术的发展和数控系统价格的降低,单纯用于点位控制的数控系统已不多见。

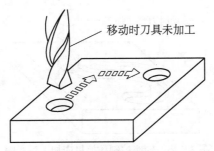

图 4 - 23　点位控制数控机床加工示意图

② 直线控制数控机床。直线控制数控机床的特点是除了控制点与点之间的准确定位外,还要保证两点之间移动的轨迹是一条与机床坐标轴平行的直线,而且对移动的速度也要进行控制,因为这类数控机床在两点之间移动时要进行切削加工,如图 4 - 24 所示。具有直线控制功能的数控机床有比较简单的数控车床、数控铣床及数控磨床等。目前单纯用于直线控制的数控机床也已不多见。

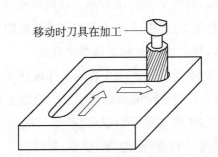

图 4 - 24　直线控制数控机床加工示意图

③ 轮廓控制数控机床。轮廓控制数控机床也称连续控制数控机床,其控制特点是能够对两个或两个以上运动坐标的位移和速度同时进行控制。为了使刀具沿工件轮廓的相对运动轨迹符合工件加工轮廓的要求,必须将对各坐标运动的位移控制和速度控制按照规定的比例关系精确地协调起来。因此在这类控制方式中,就要求数控装置具有插补运算功能,所谓插补就是根据程序输入的基本数据(如直线的终点坐标、圆弧的终点坐标和圆心坐标或半径),通过在数控系统内插补运算器的数学处理,把直线或圆弧的形状描述出来,也就是一边计算,一边根据计算结果向各坐标轴控制器分配脉冲,从而使各坐标轴的联动位移量与要求的轮廓相符合。在运动过程中刀具对工件表面连续进行切削,按直线、圆

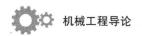

弧、曲线等各种运动轨迹对工件进行加工,如图 4-25 所示。

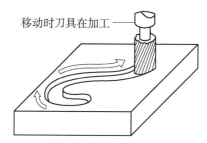

图 4-25 轮廓控制数控机床加工示意图

对于轮廓控制的数控机床,根据同时控制坐标轴的数目,还可以分为两轴联动、两轴半联动、三轴联动、四轴或五轴联动等。

a. 两轴联动机床身同时控制两个坐标轴,从而实现对二维直线、斜线和圆弧等曲线轨迹的控制,如图 4-26(a)所示。

b. 两轴半联动用于三轴以上机床的简化控制,其中两个轴为联动控制,另一个轴做周期调整进给,如图 4-26(b)所示。在数控铣床上用球头铣刀用行切法对三维空间曲面进行加工,其中球头铣刀在 XZ 平面内进行插补控制以铣削曲线,每加工完一段后,移动 ΔY,Y 轴是调整坐标轴。

c. 三轴联动同时控制 X、Y、Z 三个直线坐标轴联动,如图 4-26(c)所示,或控制 X、Y、Z 中两个直线坐标轴和绕其中某一直线坐标轴做旋转运动的另一坐标轴。例如,车削加工中心除了沿纵向(Z 轴)、横向(X 轴)两个直线坐标轴运动外,还同时控制绕 Z 轴旋转的主轴(C 轴)联动。

d. 四轴或五轴联动。在某些复杂曲面的加工中,为了保证加工精度或提高加工效率,铣刀的侧面或端面应始终与曲面贴合,这就需要铣刀轴线位于曲线或曲面的切线或法线方向,为此,除需要 X、Y、Z 三个直线坐标轴动外,还需要同时控制三个旋转坐标 A、B、C 中的一个或两个,使铣刀轴线围绕直线坐标轴摆动,形成四轴或五轴联动,如图 4-26(d)和图 4-26(e)所示。

图 4-26(d)为四轴联动加工,图中飞机大梁的加工表面是直纹扭曲面,若采用球头铣刀三坐标联动加工,不但生产效率低,而且加工表面质量差,为此,采用四轴联动的圆柱铣刀周边切削方式。此时,除了三个移动坐标联动外,为了保证刀具与工件型面在全长上始终接触,刀具轴线还要同时绕移动坐标轴 X 摆动。如果要加工如图 4-26(e)所示的异形凸台,为了保证铣刀的周边与曲面的

侧面重合,除了三个移动坐标联动外,圆柱铣刀的轴线必须沿 A、B 坐标绕 X 轴和 Y 轴做旋转运动。

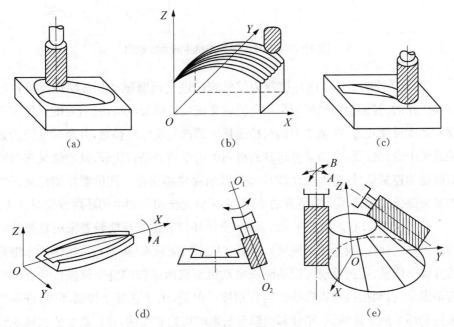

图 4 - 26　多轴联动加工示意图
(a)两轴联动加工;(b)两轴半机床行切法加工;(c)三轴联动加工;(d)四轴联动加工;(e)五轴联动加工

(3) 按伺服控制的方式分类。

① 开环控制数控机床。开环控制数控机床的控制系统没有位置检测元件,伺服驱动部件通常为反应式步进电动机或混合式伺服步进电动机。数控系统每发出一个进给指令,经驱动电路功率放大后,驱动步进电动机旋转一个角度,再经过齿轮减速装置带动丝杠旋转,通过丝杠螺母机构转换为移动部件的直线位移。移动部件的移动速度与位移量由输入脉冲的频率与脉冲数决定。此类数控机床的信息流是单向的,即进给脉冲发出去后,实际移动值不再反馈回来,所以称为开环控制数控机床。

开环控制系统的数控机床结构简单,成本较低。但是,系统对移动部件的实际位移量不进行监测,也不能进行误差校正。因此,步进电动机的失步、步距角误差、齿轮与丝杠等传动误差都将影响被加工零件的精度。开环控制系统仅适用于加工精度要求不是很高的中小型数控机床,特别是简易经济型数控机床。图 4 - 27 为开环控制数控机床的系统框图。

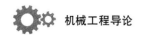

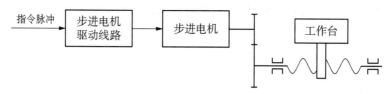

图 4 - 27   开环控制数控机床的系统框图

② 闭环控制机床。闭环控制数控机床的进给伺服驱动是按闭环反馈控制方式工作的,其驱动电动机可采用直流或交流两种伺服电机,并需要配置位置反馈和速度反馈装置,在加工中随时检测移动部件的实际位移量,并及时反馈给数控系统中的比较器,它与插补运算所得到的指令信号进行比较,其差值又作为伺服驱动的控制信号,进而带动位移部件以消除位移误差。按位置反馈检测元件的安装部位和所使用反馈装置的不同,它又分为全闭环和半闭环两种控制方式。

a. 全闭环控制。如图 4 - 28 所示,全闭环控制位置反馈装置采用直线位移检测元件(目前一般采用光栅尺),安装在机床的床鞍部位,即直接检测机床坐标的直线位移量,通过反馈可以消除从电动机到机床床鞍的整个机械传动链中的传动误差,得到很高的机床静态定位精度。但是,由于在整个控制环内,许多机械传动环节的摩擦特性、刚性和间隙等的影响均为非线性,并且整个机械传动链的动态响应时间与电气响应时间相比又非常大,这为整个闭环系统的稳定性校正带来很大困难,系统的设计和调整也都相当复杂。因此,这种全闭环控制方式主要用于精度要求很高的数控坐标镗床、数控精密磨床等。

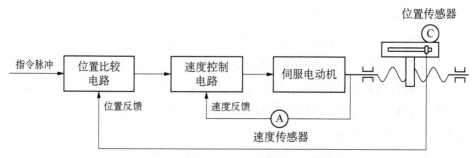

图 4 - 28   全闭环控制系统框图

b. 半闭环控制。半闭环控制数控机床是指在伺服电动机的轴或数控机床的传动丝杠上装有角位移电流检测装置(如光电编码器等),通过检测丝杠的转角间接地检测移动部件的实际位移,然后反馈到数控装置中去,并对误差进行修正。图 4-29 为半闭环控制数控机床的系统框图。图中 A 为速度传感器(测速元件),B 为角度传感器(光电编码盘)。通过元件 A 和 B 可间接检测出伺服电动机的转速,从而推算出工作台的实际位移量。将此值与指令值进行比较,用差值来实现控制。由于工作台没有包括在控制回路中,因而称为半闭环控制数控机床。半闭环控制数控系统的调试比较方便,并且具有很好的稳定性。目前大多将角度检测装置与伺服电动机设计成一体,使机床结构更加紧凑。

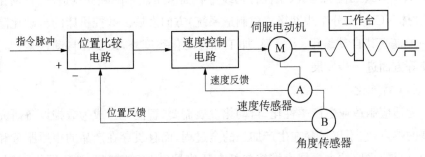

图 4-29　半闭环控制数控机床的系统框图

3) 数控机床的发展

随着科学技术的发展以及世界先进制造技术的兴起和不断成熟,人们对数控加工技术提出了更高的要求,超高速切削、超精密加工等技术的应用对数控机床的各个组成部分提出了更高的性能指标。当今的数控机床在不断采用最新技术成果,朝着高速化、高精度化、高柔性化、高自动化、智能化、复合化、结构新型化、系统化、高可靠化、网络化、系统结构开放化等方向发展,具体表现在以下几个方面。

(1) 高速度与高精度化。

速度和精度是数控机床的两个重要指标,它直接关系到加工效率和产品的质量,特别是超高速切削、超精密加工等技术要求机床各坐标轴的位移速度和定位精度更高。另外,位移速度与定位精度这两项技术指标又是相互制约的,很难同时提高。

(2) 高柔性化。

采用柔性自动化设备或系统是提高加工精度和效率,缩短生产周期,适应市场变化需求和提高竞争能力的有效手段。数控机床在提高单机柔性化的同时,朝着单元柔性化和系统柔性化方向发展,如出现了可编程序控制器控制的可调组合机床、数控多轴加工中心、换刀换箱式加工中心、数控三坐标动力单元等具

有柔性的高效加工设备、柔性加工单元、柔性制造系统以及介于传统自动线与柔性制造系统之间的柔性制造线。

（3）高自动化。

高自动化是指在全部加工过程中尽量减少人的介入而自动完成规定的任务，包括物料流和信息流的自动化。自 20 世纪 80 年代中期以来，以数控机床为主体的加工自动化已经从"点"（数控单机、加工中心和数控复合加工机床）、"线"（FMC、FMS、柔性加工线、柔性自动线）向"面"（工段车间独立制造岛、自动化工厂）、"体"（CIMS、分布式网络集成制造系统）方向发展。数控机床的自动化除了进一步提高其自动编程、上下料、加工等自动化程度外，还要在自动检索、监控、诊断等方面进一步发展。

（4）智能化。

为适应制造业生产柔性化、自动化发展需要，智能化正成为数控设备研究及发展的热点，它不仅贯穿在生产加工的全过程，而且贯穿在产品的售后服务和维修中。目前采取的主要技术措施包括自适应控制、模糊控制、神经网络控制、专家控制、学习控制、前馈控制等。例如，在数控系统中配置编程专家系统、故障诊断专家系统、参数自动设定和刀具自动管理及补偿等自适应调节系统；在高速加工时的综合运动控制中引入提前预测和预算功能、动态前馈功能；在压力、温度、位置、速度控制等方面采用模糊控制，使数控系统的控制性能大大提高，从而达到最佳控制的目的。

（5）复合化。

数控机床的发展已经模糊了粗精加工工序的概念。加工中心的出现又把车、铣、镗等工序集中到一台机床来完成，打破了传统的工序界限和分开加工的工艺规程，最大限度地提高了设备利用率。现代数控机床采用多主轴、多面体切削方式，即同时对一个零件的不同部位进行不同方式的切削加工，如各类五面体加工中心。另外，现代数控系统的控制轴数也在不断增加，有的多达 15 轴，其同时联动的数轴已达 6 轴。

（6）结构新型化。

20 世纪 90 年代，一种完全不同于原来数控机床结构的新型数控机床问世，这种新型数控机床称为并联机床，它能在没有任何导轨和滑台的情况下，采用能够伸缩的伺服轴支撑并联，并与安装主轴头的上平台和安装工件的下平台相连。它可实现多坐标联动加工，其控制系统结构复杂，加工精度、加工效率较普通加工中心高 2～10 倍。这种数控机床的出现将给数控机床技术带来重大变革和创新。

（7）高可靠化。

数控系统将采用更高集成度的电路芯片,利用大规模或超大规模的专用及混合式集成电路,以减少元器件的数量,提高可靠性。硬件功能软件化可以适应各种控制功能的要求,同时采用硬件结构机床本体的模块化、标准化、通用化和系列化既能提高产量,又便于组织生产和质量把关。还可通过自动运行启动诊断、在线诊断、离线诊断等多种诊断程序,实现对系统内软硬件和各种外部设备进行故障诊断与报警。利用报警提示及时排除故障;利用容错技术对重要部件采用"冗余"设计,以实现故障功能的自恢复;利用各种测试、监控技术,当发生超程、刀具磨损、干扰、断电等各种意外时,自动进行相应的保护。

（8）网络化。

为了适应 FMC、FMS 以及进一步联网组成 CIMS 的要求,先进的数控系统为用户提供了强大的联网能力,除带有 RS232、RS422 等接口外,还带有远程缓冲功能的分布式数控(DNC)接口,可以实现几台数控机床之间的数据通信或直接对几台数控机床进行控制。为了适应自动化技术的进一步发展和工厂自动化规模越来越大的要求,满足不同厂家不同类型数控机床联网的需要,现代数控机床已经配备与工业局域网通信的功能以及制造自动化协议接口,为现代数控机床进入 FMS 及 CIMS 创造了条件,促进了系统集成化和信息综合化,使远程操作和监控、遥控及远程诊断成为可能。

（9）体系结构开放化。

开放式体系结构可以大量采用通用微机的先进技术,如多媒体技术,实现声控自动编程、图形扫描自动编程等。新一代数控系统的硬件、软件和总线规范都是对外开放的,由于有充足的软硬件资源可供利用,这使数控系统制造商和用户进行系统集成得到有力的支持,而且也为用户的二次开发带来了极大方便,促进了数控系统多档次、多品种的开发和广泛应用。目前既可通过升档或剪裁构成各种档次的数控系统,又可通过扩展构成不同类型数控机床的数控系统,大大缩短了开发生产周期。这种数控系统可以随 CPU 的升级而升级,结构上不必变动,因此数控系统有更好的通用性、柔性、适应性、扩展性,并向智能化、网络化方向发展。

4.3.3　机器人技术与应用

1）工业机器人

工业机器人是面向工业领域的多关节机械手或多自由度机器人。工业机器

人是靠自身动力和控制能力去自动执行给定工作任务的机器装置,具有多用途、可重复编程控制的特点。它可以通过交互方式接受人类指挥,也可以按照预先编排的指令程序执行一定的任务,或根据人工智能技术制订的原则纲领行动。

(1)焊接机器人。

图 4-30　点焊机器人

焊接机器人是从事焊接任务的工业机器人,包括机器人(机器人本体和控制柜)和焊接设备两部分。其中,焊接装备由焊接电源(含控制系统)、送丝机(弧焊)、焊枪(钳)等部分组成。对于智能化机器人,还包括传感系统及其控制装置。焊接机器人具有自动控制、性能稳定、工作空间大、运动速度快和负荷能力强等特点,焊接质量明显优于人工焊接,大大提高了点焊接作业的生产率。一种点焊接的机器人如图 4-30 所示。

随着汽车工业的发展,焊接生产线要求焊钳一体化,机器人质量越来越大,165 kg 点焊机器人是当前汽车焊接中最常用的。2008 年 9 月,机器人研究所研制完成国内首台 165 kg 级点焊机器人,并成功应用于奇瑞汽车焊接车间。2009 年 9 月,经过优化和性能提升的第二台机器人已完成并顺利通过验收,该机器人整体技术指标已经达到国外同类机器人水平。

(2)激光加工机器人。

随着机器人动作精度的提高,在激光加工中使用机器人已成为可能,即可通过使用高精度工业机器人,实现激光加工作业的柔性化。在激光加工过程中使用的机器人能对需要加工的工件进行自检,剔除不合格的产品,然后再开始对工件进行激光加工。激光加工机器人(见图 4-31)可用于工件的激光切割、表面处理、激光打孔、激光焊接和模具修复等工艺中。

图 4-31　激光机器人

智能化、仿生化是工业机器人的最高阶段,随着材料、控制等技术的不断发展,实验室产品越来越多地实现产业化,逐步应用在各种场合。伴随移动互联网、物联网的发展,多传感器、分布式控制的精密型工业机器人将会越来越多,并逐步渗透到制造业的方方面面,由制造实施型向服务型转化。

日益增长的工业机器人市场以及巨大的市场潜力吸引着世界机器人生产厂家的目光。当前,我国进口的工业机器人主要来自日本,但是随着拥有机器人生产自主知识产权的企业不断出现,越来越多的工业机器人将会由中国制造。

2) 服务机器人

截至目前,人们对服务机器人尚没有严格的定义,不同国家和地区有不同的认识,可以按照国际机器人联合会下的初步定义来理解服务机器人,即服务机器人是一种半自主或全自主工作的机器人,它能完成有利于人类健康的服务工作,但不包括从事工业生产的设备。服务机器人种类很多,常用的有家政服务机器人、警用机器人、水下机器人等。服务机器人的服务范围包括维护保养、修理、运输、清洗、保安、救援、监护等。

(1) 家政服务机器人。

随着现代社会生活节奏的加快,各国老年人口逐年上升,人们教育小孩和照顾老人的时间越来越少。因此,国内外的许多中高收入家庭及一些单位用户都急需要机器人来帮助他们完成住宅守护和照料老弱等各项工作。

在 2010 年的上海世博会上,各类家政服务机器人大显身手,从"管家"机器人到"大厨"机器人应有尽有。在世博园内服务的"女管家"机器人穿着粉红围裙,它可以有条不紊地冲泡热咖啡并端给顾客。装配有机械双臂的"男管家"则更加强壮,它能完成取物、开门、倒水等动作,通过激光导航自主载入运行,遥控多种家用电器设备和其他机器人工作,还可以监测包括门窗入侵、火灾、烟雾、煤气泄漏等信息。"大厨"机器人则能完全自主地执行中式烹饪的炒、炸、烧、焖等经典烹饪方法,控制火候和烹饪的动作顺序,做出色香味兼具的中式菜肴。

日本安川电机公司展示了一款新型的家政机器人"摩托曼",它可以精心制作煎饼,如图 4-32 所示。摩托曼可以在扁平烤盘里熟练地翻转和烹饪,有着如人类一般的灵活性,有很高的制作精准度。它的胳膊可以一起或单独地活动,可以准确地使用勺子和铲子及烧烤工具,食物做熟之后可以将其放到盘子里,还能正确地使用调味品。图 4-33 展示的是东京大学研制的 HRP-2

图 4-32　摩托曼精心地制作煎饼

家政服务机器人,它可以清洗水杯和倒绿茶。三菱重工的家用机器人 Wakamaru 能识别家庭成员的脸部特征,并通过转动脸部和手腕来表现喜怒哀乐。东芝公司的研发人员也开发了一款机器人 ApriPoko,它可以根据用户的声音指令操控电视、空调等家电,如图 4-34 所示。

图 4-33   HRP-2 家政服务机器人   图 4-34   ApriPoko

我国在家政服务机器人领域的研发与日本和美国等相比起步较晚。近年来,在国家"863 计划"支持下,我国在家政服务机器人研发方面开展了大量工作,并取得一定的成绩。中国科技大学自主研发的机器人可佳会做简单家政,如图 4.35 所示。2011 年以来在国际服务机器人标准测试中,我国保持世界前五的领先优势,并在 2013 年主体测试中总分最高。当天的演示在一个常见的家庭环境中进行,大家在"家"里或站或坐,需要服务时向可佳挥手,可佳就会走过去,识别和记忆该用户的外表特征、询问用户有何需要。在了解需要一瓶饮料后,可佳去厨房找到饮料,并把饮料递给了那个人。

图 4-35   可佳机器人将一瓶饮料递给同学

（2）警用机器人。

警用机器人可以应用在核电、救灾、铁路、公安等行业，代替或者帮助警察在危险、恶劣、有害的环境中进行观测、检查、搬运、清除、维修、安装等作业。

美国最新开发的保安机器人 Rovio［见图 4-36(a)］采用三轮和 GPS 系统，用户可以设定几个点，它就会在家中来回地巡逻，Rovio 上装有摄像头和麦克风，用于探查房屋内的情况，除此之外，还安装有 LED 灯，以便夜晚能更清晰地看周围环境。由于摄像头安装在可伸缩的机械手上，所以屋主可以控制摄像头从前后左右不同的角度进行观察。Rovio 通过 WiFi 联网，屋主使用手机或者计算机即可远程遥控。

我国东莞理工学院的大学生也设计了一个保安巡逻机器人，如图 4-36(b) 所示。它以太阳能为电源，电动小车为载体，采用多种高性能传感器自动地检测障碍物，并完成自动值守、报警等各种保安任务。它能在校园和小区及其他环境下进行巡逻监控，或者与固定监控设备组成一个严密的监控网络。

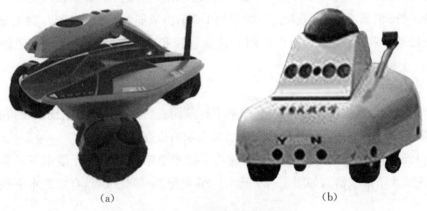

(a)　　　　　　　　　　　　　　(b)

图 4-36　各种类型的保安机器人

(a)三轮 Rovio；(b)我国保安巡逻机器人

地震救援机器人是一种专门用于大地震后，在废墟中执行寻找幸存者等救援任务的机器人。这种机器人一般都配备彩色摄像机、热成像仪、通信系统。

日本 Tmsuk 公司设计的 T52 Enryu 救援机器人，如图 4-37 所示。它的质量近 5 t，身高达 3 m，安装有 6 部摄像机以及履带式驱动装置，并可以通过遥控操作。T52 Enryu 可以在任何灾害的救援工作中派上用场，例如，在地震中，它也被称为"超级救援机器人"，靠液压驱动，能够举起质量近 1 t 的重物。在实验时它曾将一部汽车举过头顶。它的两条长臂最远可以伸长至 5 m，机械手可以

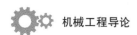

完成所有类型的动作,特别是可以帮助救援人员清理路面上的碎片。此外,T53 Enryu 还可用于清理塌方积雪以救助被困人员。

图 4-37 救援机器人 T52 Enryu   图 4-38 我国执行救援任务的旋翼飞行机器人

中国科学院沈阳自动化所与我国地震应急救搜中心联合研制的旋翼飞行机器人如图 4-38 所示。它可以执行自主起飞、空中悬停、航迹点跟踪飞行、超低空信息获取、自主降落等命令,快速获取地震废墟区域信息并实时回传影像。该飞行机器人的最大任务载荷为 40 kg,最大巡航距离可达 120 km,最高可在海拔为 3 000 m 的高度飞行,最长巡航时间为 1.5 h,抗风能力不小于 6 级。除了地震救灾援救,该旋翼机器人还可以用于输油管线和高压输电线的巡检等危险作业中。

3) 水下机器人

水下机器人主要用于石油开采、海底矿藏调查、打捞作业、管道铺设及检查、电缆铺设及检查、海上养殖以及江河水库大坝的检查等。

1959 年,美国华盛顿大学研制成功了世界上第一台无人无缆水下机器人(自主式水下潜水器),如图 4-39 所示。20 世纪 90 年代以后,自主式水下机器

图 4-39 探索者水下机器人

人技术逐渐成熟,由自动驾驶系统、导航定位系统、故障处理系统、测量设备、动力能源装置等组成,其活动范围大,机动灵活,隐蔽性强,结构简单,尺寸小,造价低,被广泛应用于军事和民用领域。

1997 年 6 月,我国 CR-01 号 6 000 m 自主式水下机器人(见图 4-40)成功地潜入 5 179 m 深的太平洋海底。CR-01 长为 4.374 m,宽为 0.8 m,高为 0.93 m,在空气中质量为 1 305.15 kg,最大潜水深度为 6 000 m,最大水下航速为 2 kn(1 kn=1.852 km/h),续航能力为 10 h,定位精度为 10~15 m。CR-01 是一套能按预定航线航行的无人无缆水下机器人,它可以在 6 000 m 水下执行拍摄、拍照、海底地势与剖面测量、海底沉物目标搜索和观察、水文物理测量和海底多金属结核测量等任务,并能自动地记录各种数据及其相应的坐标位置。CR-01 水下机器人的研制成功使我国具有对外海域进行详细探测的能力。

(a)

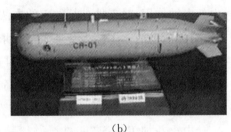
(b)

图 4-40　6 000 m 无缆自主式水下机器人及其模型

4.3.4　特种加工技术与装备

特种加工也称非传统加工或现代加工,不是采用常规的刀具或磨具对工件进行车削、铣削或磨削等加工,而是泛指用电能、热能、光能、电化学能、化学能、声能或其复合能量对材料进行加工,从而实现工件材料被去除、变形、改性或镀覆等。特征加工包括电火花加工、电解加工、超声加工、激光加工和电子束加工等,适合用于加工一般切削加工方法难以加工的工件,如材料性能特殊、工件形状复杂等。

20 世纪 40 年代发明的电火花加工技术开创了不靠机械力(用软工具)来加工硬工件的方法。20 世纪 50 年代以后,先后出现了电子束加工、等离子弧加工

和激光加工。这些特种加工方法利用密度很高的能量束流,而不是用成型的工具,对高硬度材料以及形状复杂、精密微细的特殊零件进行加工。目前,特种加工在模具、量具、刀具、仪器仪表、飞机、航天器和微电子元器件等制造中得到越来越广泛的应用并取得了显著的社会经济效益。

1)电火花加工

早在19世纪末,人们就发现了电蚀现象,如插头、开关开启、关闭时产生的电火花会对接触表面产生损害。

20世纪初,苏联的拉扎林科在研究开关触点遭受火花放电腐蚀损坏的现象和原因时发现,电火花的瞬时高温会使触点局部金属熔化、气化,从而开创和发明了电火花加工方法,并于1943年利用电蚀原理研制出世界上第一台实用化的电火花加工装置,这才真正将电蚀现象运用到实际生产加工中。我国在20世纪50年代初期开始研究电火花设备,并于20世纪60年代初研制出第一台靠模仿形电火花线切割机床。

电火花加工是指在一定的介质中,通过工具电极和工件电极之间的脉冲放电的电蚀作用,对工件进行加工的方法,是一种利用电能和热能进行加工的新工艺,也称放电加工。电火花加工与一般切削加工的区别在于,电火花加工时,工具与工件并不接触,而是靠工具电极与工件电极间不断产生的火花放电,利用放电时产生的局部、瞬时高温(温度可高达10 000℃以上)把金属材料逐步蚀除下来。由于在放电过程中有可见火花产生,故称电火花加工。

电火花加工机床(见图4-41)是一种利用电火花放电,对金属表面进行电蚀来加工金属零件的机床设备。它有一个能量很大的脉冲电源装置,为产生电火花提供能量,主要作用是在工具电极和工件电极上产生重复的高强度电脉冲,以产生放电电火花。由于在电火花加工时,工具和工件无直接接触,没有明显的

图4-41 电火花加工机床

切削力,所以电火花加工机床就没有装备强度很高的主传动系统。但为了保证电极间几微米到几百微米的放电间隙,电火花加工机床采用了一个灵敏度很高的间隙自动调整装置,能随时自动地对间隙进行测量和调整。

2) 激光加工

激光技术是 20 世纪四项重大发明(原子能、半导体及计算机)之一。激光加工就是利用激光束与物质相互作用的特性将激光束投射到材料表面,从而产生高密度能量/热效应来实现加工的,分为激光热加工和光化学反应两类。激光加工包括对材料(金属与非金属)进行激光切割、激光焊接、表面处理、激光打孔及激光微加工。激光加工目前已广泛应用于机械制造、汽车、电子、电器、航空、冶金等重要行业,对提高产品质量和劳动生产率,以及减少材料消耗和污染等起到重要作用。

激光加工的本质就是利用高功率密度的激光束照射到工件表面,使工件材料熔化、气化而形成穿孔。由于早期开发的激光器功率较小,大多用于打小孔和微型焊接。到 20 世纪 70 年代,随着激光加工机理和工艺研究的深入,大功率二氧化碳激光器、高重复频率钇铝石榴石激光器被研制出来,同时出现了各种专用的激光加工设备,使得激光加工技术得到很大发展,使用范围不断扩大。数千瓦功率的激光加工机已用于各种材料的高速切割、深熔焊接和热处理等方面。

近年来,激光加工设备不断地与光电跟踪、计算机数字控制、工业机器人等先进技术相结合,大大提高了激光加工机的加工能力和自动化水平。高功率激光器输出的高强度激光经过透镜聚焦到工件上,可使激光光源焦点处的温度高达 10 000 摄氏度以上,任何材料都会被瞬时熔化、气化,可以利用这种光能的热效应对材料进行焊接、打孔和切割等激光加工工作。通常用于加工的激光器主要是固体激光器和气体激光器,其加工原理分别如图 4 - 42 和图 4 - 43 所示。

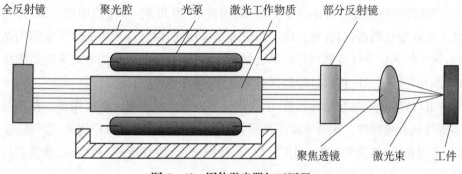

图 4 - 42　固体激光器加工原理

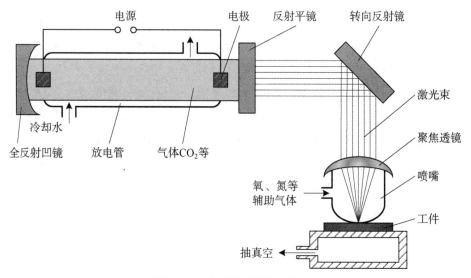

图 4 - 43 气体激光器加工原理

激光切割机就是利用激光束的热能实现板材切割(切割成所需形状的工件)的设备,也称为激光加工机床,其原理是将从激光器发射出的高功率密度激光束照射到工件表面,使工件达到熔点或沸点,同时与光束同轴的高压气体将熔化或气化金属吹走。激光切割过程就是光束与工件相对位置移动的过程。

激光切割是一种精密的加工方法,可以切割几乎所有的材料,包括薄金属板的二维切割或三维切割。目前,大多数激光切割机都由数控程序进行控制操作,有的还做成切割机器人。激光切割机系统包括伺服电机驱动的主机、产生激光光源的激光发生器(装置)、激光导向(外)光束传输组件、数控系统、工作台(机床)、冷却机组和计算机软硬件等。

3) 3D打印技术及应用

3D打印技术是一种快速成型技术,出现在20世纪90年代中期。3D打印技术也称增材制造,与普通打印工作原理基本相同,以计算机中的数字模型为基础,运用粉末状金属或塑料等可黏合材料,通过逐层叠加固化的方式来构造物体(产品)的技术。3D打印过程包括三维设计、切片处理、打印操作。

3D打印技术常在模具制造、工业设计等领域广泛应用。也可用于一些产品零部件的直接制造。该技术除了在模具制造、工业设计等领域应用外,在国际空间、房屋建筑、工程和施工(AEC)、汽车,航空航天、医疗产业、教育、武器装备以及珠宝、鞋类等领域都有所应用。

2019 年 1 月 14 日,美国加州大学圣迭戈分校首次利用快速 3D 打印技术制造出模仿中枢神经系统结构的脊髓支架,该支架成功帮助大鼠恢复了运动功能。

　　2020 年 5 月 5 日,中国首飞成功的长征五号 B 运载火箭搭载着 3D 打印机。这是中国首次太空 3D 打印实验,也是国际上第一次在太空中开展连续纤维增强复合材料 3D 打印的实验。

第5章 现代测试技术与应用

本章介绍了测试技术的地位和作用以及测试系统的组成与特点,分析了常用传感器的结构、工作原理与应用场合,最后给出一个典型应用系统实例,帮助学生更好地理解和掌握现代测试技术原理与传感器使用方法。

5.1 测试技术的地位和作用

测试控制技术、计算技术和通信技术是信息技术的三大支柱,因此,测试技术属于信息科学范畴。测试是以仪器仪表为手段通过合理的方法,进行试验性质的测量,其基本任务是获得有用的信息,即通过检测被测对象的有关信息,并加以信号分析和数据处理,将其结果提供给检测者/观察者或输入其他信息处理装置或控制系统。测量是以确定被测对象属性量值为目的的全部操作。测试是具有实验性质的测量,或者可以理解为测量和实验的综合。人类在从事社会生产、经济交往和科学研究活动中都与测试技术息息相关。

测试是人类认识客观世界的手段,是科学研究的基本方法。科学研究的基本目的在于客观地描述自然界。科学探究需要测试技术,并通过测试数据的分析总结,探究表述科学规律准确而简明的定量关系。理论也需要测试技术,用于检验科学理论和规律的正确性。因此,精准的测试是科学探究与发现的根本手段。

在工程技术领域,工程研究及产品研发的各个阶段,都离不开测试技术。在现代工程技术开发中,测试技术与装置不仅作为控制系统的重要组成部分,而且在自动控制技术/系统中得到广泛应用,如船舶装备、汽车、家用电器等控制技术与系统。

目前,测试技术已广泛应用于工农业生产、科学研究、国防建设、交通运输、医疗卫生、环境保护和人民生活的各个方面,并起着越来越重要的作用,成为国民经济发展和社会进步的一项必不可少的重要基础技术。

5.2　测试系统的组成及特点

蕴含在某一被测对象中的信息,是通过某些物理量测试得到的,这些物理量就是信号。因此,测试就是测量信号,就具体物理量的物理性质而言,测试信号有电信号、光信号、力信号等。其中,电信号在变换、处理、传输等方面有明显的优势,因而成为目前测试应用广泛的信号之一。为便于分析和处理,各种非电信号也往往被转换成电信号进行测试。

在多种测试场合中,并不考虑信号的具体物理性质,而是将其抽象为变量之间的时间或空间函数关系,从数学上加以分析研究,得出一些具有普遍意义的结论,通过总结形成理论,并完善和发展测试技术与理论,如信号的分析和处理理论与技术。

测试工作的过程包括:被测对象激励、信号检测和转换、信号显示与记录、数据分析与处理,测量结果评估与反馈。因此,测试系统的大致框图可用图 5-1 表示。

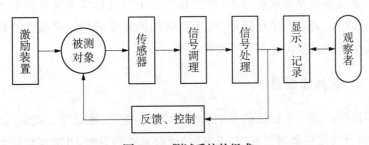

图 5-1　测试系统的组成

基于客观事物的多样性,对于希望通过测试工作所获得的信息,有可能已载于或尚未载于某种可检测的信号中。对于尚未载于可检测信号中的,选用合适的方式激励被测对象就成为测试工作的重要内容之一,通过被测对象激励,使其既能充分表征所需相关信息又便于检测信号。事实表明,许多系统特性参量显现是否充分与系统所处的状态有关,并决定检测的难易程度。因此,对于系统特性参量显现不充分或不明显的情况,就需要激励该系统,使这些要测量的特性参

量处于能够充分显示的状态中,以便有效地检测到载有这些信息的信号。

传感器直接作用于被测量,并能按一定规律将被测量转换成同种或异种量值输出,这种输出通常是电信号。

信号调理环节把来自传感器的信号转换成更适合进一步传输和处理的形式。这时的信号转换在多数情况下是电信号之间的转换。例如,将幅值放大,将阻抗的变化转换成电压的变化,或将阻抗的变化转换成频率的变化等。

信号处理环节主要是接受来自调理环节的信号,并对其进行各种运算、滤波与分析,将分析结果以易于辨识的形式进行显示、记录、存储或输出至控制系统中,供需要时使用。

应当指出,测试过程中必须保持各个环节的输出量与输入量之间的一一对应关系,且尽可能消除各种干扰和失真现象。此外,并非所有的测试系统都具备图5-1所示的所有环节,尤其是反馈和传输环节。实际上,环节与环节之间都存在传输。图中的传输环节专指较远距离的通信传输。测试技术是一种综合性技术,对新技术特别敏感。要做好测试工作,需要综合运用多学科知识,并注意新技术的运用。

5.3 测试技术应用

在科学技术高度发展的今天,生产和生活用的设备或系统都离不开现代测试技术与传感设备。新型传感器、基于互联网的远程测量和虚拟仪器技术等在未来工业生产中将发挥越来越重要的作用。

5.3.1 常用传感器

现实世界就是一个模拟信号的世界,人通过视觉、触觉等方式来感知世界。在物联网时代,传感器肩负起了"五官"的使命来感知万物,万物互联赋予人类生活无边的想象。

1) 温度传感器

温度传感器使用范围广、数量多,居各种传感器之首。温度传感器按传感器与被测介质的接触方式可分为两大类:一类是接触式温度传感器,另一类是非接触式温度传感器。

接触式温度传感器的测温元件与被测对象要有良好的热接触,通过热传导及热对流达到热平衡,这时的示值为被测对象的温度。这种测温方法精度比较高,并可测量物体内部的温度分布。但对于运动的、热容量比较小的以及对感温元件有腐蚀作用的对象,这种方法将会产生很大的误差。

非接触温度传感器的测温元件与被测对象互不接触,其测温原理是辐射热交换。此种测温方法的主要特点是可测量运动状态的小目标及热容量小或变化迅速的对象,也可测温度场的温度分布,但受环境的影响比较大。

凡是需要对温度进行持续监控的地方都需要温度传感器,常见的各种温度传感器如图 5-2 所示。在消费领域,温度传感器常用于探测室内温度变化,它能感受温度并将其转换成可用输出信号。如当温度高时,空调开端制冷,当温度低时,空调开端制热。

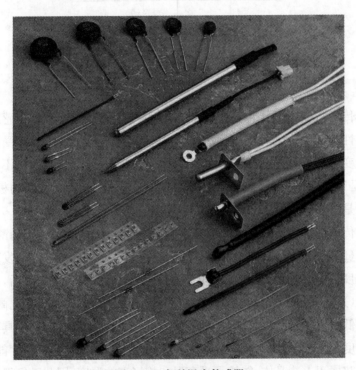

图 5-2　各种温度传感器

实际使用过程中,使用到温度传感器的地方也经常会使用到湿度传感器,同时安装两个传感器既不方便也很占地方,所以经常将两者集成在一起,形成温湿度传感器。

高分子薄膜湿敏传感器是利用高分子膜吸收或放出水分引起电导率或电容变化的特性来测量湿度的。图 5-3 是一种电容湿度传感器原理图,它通过测定

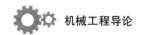

电容值变化来测量相对湿度。其中电极是极薄的金属蒸镀膜,透过电极,高分子膜吸收或放出水分。

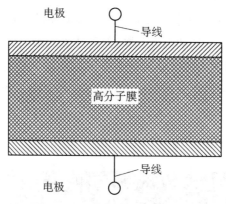

图 5-3　电容湿度传感器原理图

2) 压力传感器

压力传感器利用压电效应制造而成,这种传感器也称为压电传感器。晶体是各向异性的,非晶体是各向同性的。当某些晶体介质沿一定方向受到机械力作用发生变形时就产生了极化效应,当机械力撤掉之后,又重新回到不带电的状态,也就是当受到压力时,某些晶体可能产生电效应,这就是所谓的极化效应。科学家就是根据这个效应研制出了压力传感器。

压电传感器中主要使用的压电材料,包括石英、酒石酸钾钠和磷酸二氢胺。其中石英(二氧化硅)是一种天然晶体,压电效应就是在这种晶体中发现的。在一定的温度范围之内,压电性质一直存在,但温度超过这个范围之后,压电性质完全消失(这个高温就是"居里点")。由于随着应力的变化电场变化微小(压电系数比较低),因此石英逐渐被其他压电晶体所替代。而酒石酸钾钠具有很大的压电灵敏度和压电系数,但是它只能在室温和湿度比较低的环境下才能够使用。磷酸二氢胺属于人造晶体,能够承受高温和相当高的湿度,因此已经得到了广泛应用。目前,压电效应也应用在多晶体上,比如压电陶瓷,包括钛酸钡压电陶瓷、锆钛酸铅压电陶瓷(PZT)、铌酸盐系压电陶瓷、铌镁酸铅压电陶瓷等等。

压电传感器主要用于测量加速度、压力和力等。压电式加速度传感器是一种常用的加速度计,具有结构简单、体积小、重量轻、使用寿命长等特点。压电式加速度传感器在飞机、汽车、船舶、桥梁和建筑的振动和冲击测量中已经得到广泛应用,压电传感器的外形在航空和宇航领域中更有它的特殊地位。压电传感器也可以用来测量发动机内部的燃烧压力和真空度,用于军事工业,例如用它来测量枪炮子弹在击发瞬间的膛压变化和炮口的冲击波压力。

压电传感器既可以用来测量数值较大的压力,也可以用来测量数值微小的压力,广泛应用在生物医学领域,如心室导管式微音器就是由压电传感器制成的。除了压电传感器之外,还有利用压阻效应制造出来的压阻传感器,利用应变效应的应变式传感器等。这些不同的压力传感器利用不同的原理和材料,在不同的场合发挥它们独特的用途。图 5-4 是一种压力传感器实物图。

图 5-4　压力传感器

压阻式压力传感器是利用单晶硅材料的压阻效应和集成电路技术制成的传感器。当力作用于硅晶体时,晶体的晶格产生变形,使载流子从一个能谷向另一个能谷散射,载流子的迁移率发生变化,扰动了载流子纵向和横向的平均量,从而使硅的电阻率发生变化。这种变化随晶体的取向不同而不同,因此硅的压阻效应与晶体的取向有关。硅的压阻效应不同于金属应变计,前者电阻的变化主要取决于电阻率的变化,后者电阻的变化则主要取决于几何尺寸的变化(应变),而且前者的灵敏度比后者大 $50\sim100$ 倍。

压阻式压力传感器(见图 5-5)采用集成工艺将电阻条集成在单晶硅膜片上制成硅压阻芯片,并将此芯片的周边固定封装于外壳之内,引出电极引线。压阻式压力传感器又称固态压力传感器,它不同于粘贴式应变计需通过弹性敏感元件间接感受外力,而是直接通过硅膜片感受被测压力。硅膜片的一面是与被测压力连通的高压腔,另一面是与大气连通的低压腔。硅膜片一般设计成周边固定的圆形,直径与厚度比约为 $20\sim60$。在圆形硅膜片(N 型)定域扩散 4 条 P 杂质电阻条,并接成全桥,其中两条位于压应力区,另两条处于拉应力区,电阻条相对于膜片中心对称。硅柱形敏感元件也是在硅柱某一晶面的一定方向上扩散制作电阻条,两条受拉应力的电阻条与另两条受压应力的电阻条构成全桥。压阻式传感器常用于测量或控制压力、拉力、压力差以及可以转变为力的变化的其

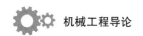

他物理量,如液位、加速度、质量、应变、流量、真空度等。

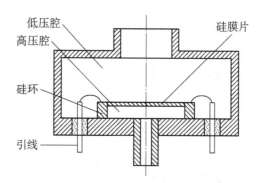

图 5-5 压阻式压力传感器结构示意图

3）脉搏传感器

脉搏传感器指用来检测类似心率的机器,一般以光电为主,有分立式和一体式两种,发射部分采用可见光和红外光。

常用的脉搏传感器主要是利用特定波长的红外线对血液变化的敏感性原理制成的。心脏的周期性跳动引起被测血管中的血液流速和容积的规律性变化,这种变化经过信号的降噪和放大处理后可计算出当前的心跳次数。脉搏传感器的工作原理如图 5-6 所示。

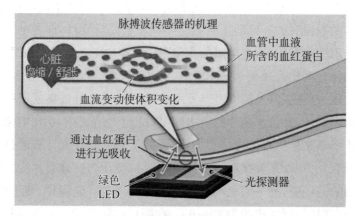

图 5-6 脉搏传感器工作原理

值得一提的是,由于不同人的肤色深浅不同,同一款心律传感器发出的红外线穿透皮肤和经皮肤反射的强弱也不同,这导致测量结果存在一定的误差。通常情况下一个人的肤色越深,则红外线就越难从血管反射回来,从而对测量误差的影响就越大。脉搏传感器主要应用在各种可穿戴设备和智能医疗器械上,典型的应用产品是 iWatch。

4) 烟雾传感器

烟雾传感器就是通过监测烟雾的浓度来防范火灾的,是一种技术先进、工作稳定可靠的传感器,被成熟运用到各种消防报警系统中。

根据探测原理的不同,常用的烟雾传感器有化学探测和光学探测两种。前者利用放射性镅 241 元素在电离状态下产生的正、负离子在电场作用下定向运动产生稳定的电压和电流。一旦有烟雾进入传感器,影响了正、负离子的正常运动,导致电压和电流产生变化,通过计算就能判断烟雾的强弱。后者的主要原理:正常情况下光线能完全照射在光敏材料上,产生稳定的电压和电流,而一旦有烟雾进入传感器,则会影响光线的正常照射,从而产生波动的电压和电流,通过计算也能判断出烟雾的强弱。图 5-7 为常见的烟雾传感器核心部件。

图 5-7　烟雾传感器核心部件

烟雾传感器广泛应用在火情报警和安全探测等领域,主要与弱电控制系统配合使用,也是智能家居和安防主机的最佳配备产品。

另一种常用的烟雾传感器为离子烟雾报警器,其工作原理如图 5-8 所示。平常状态下放射源 3 会放射 α 粒子。在没有烟雾的时候,α 粒子进入电离室,将电离室内的气体电离产生正、负离子。正、负离子在外电路的作

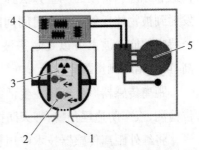

1—烟雾颗粒;2—正负离子;3—放射源;4—电路控制部分;5—声音报警装置。

图 5-8　离子烟雾报警器原理

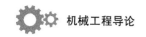

用下,朝两侧的电极移动,所以在两侧的电极探测到了电荷的增加,或者电流相应地发生变化,并通过外电路探测到,经过一定时间,电压、电流稳定。如果有烟雾 1 从入口进入,由于 α 粒子很容易被微小颗粒阻止,所以进入电离室的 α 粒子数目减少,外电路就会探测到两个电极之间电压、电流的变化,声音报警装置 5 就会报警。

5)角速度传感器

角速度传感器又称为陀螺仪,是一种用来感知与维持方向的装置,是根据角动量不灭理论设计出来的。由于轮子的角动量,陀螺仪一旦开始旋转,就有抗拒方向改变的趋向。

单轴的角速度传感器只能测量单一方向的改变,一般的系统要测量 X、Y、Z 轴三个方向的改变,就需要三个单轴的角速度传感器。目前通用的一个三轴角速度传感器就能替代三个单轴的,而且还有体积小、重量轻、结构简单、可靠性好等诸多优点,因此各种形态的三轴角速度传感器是目前主要的发展趋势。

最常见的角速度传感器使用场景就是手游,如赛车类手游就是通过角速度传感器产生汽车左右摇摆的交互模式。除了手游,角速度传感器还广泛应用在增强/虚拟现实(AR/VR)以及无人机领域。

加速度传感器有两种:一种是角加速度传感器,由陀螺仪(角速度传感器)改进;另一种是线加速度传感器。在要求不高的场合,一个基于陀螺仪的传感器既能测量倾角,也能测量加速度。

6)距离传感器

距离传感器有多种结构原理,即使用途相同的距离传感器也有多种不同的构造和原理。常用的测量方法称为飞行时间法,即通过测量特定的能量波束从发射到被物体反射回来的时间间隔来推算与物体之间的距离(见图 5-9)。这个特定的能量波束可以是超声波、激光、红外光等。这种传感器的测量精度很高,可以精确测量距离。

距离传感器广泛应用在生活的各个方面,包括防盗安防产品,工业物位、料位检测,汽车防追尾预警,雾天防撞,机场空中飞鸟探测驱赶,智能化控制等。

将红外距离传感器技术应用在监控摄像机上可以实现各种检测功能,如入侵检测。通过视频分析还可以将红外距离传感技术应用于其他应用程序,如检测违规停车,机动巡逻对象,围栏攀爬,检测行走方向是否正确等。

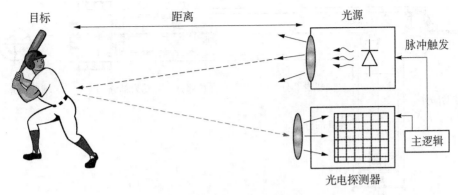

图 5-9　飞行时间法原理图

5.3.2　测试技术应用实例

1）应急拖带装置测试平台概述

应急拖带装置测试平台为多功能力学性能测试装备,其测试对象为大型船用构件,可以对应急拖带装置进行强度试验,也能对锚链、拖缆、止链器等应急拖带主要部件进行单元强度试验。根据分析测试对象的测试要求,平台结构采用卧式较为合理。为适应应急钢丝拖缆左右 90°/向下 30°的测试要求,结构形状设计呈近似 L 型或 T 型。该平台长为 33.25 m,宽为 7.83 m,最大试验负荷为 12 000 kN(进行应急拖带装置试验时为 4 000 kN),主体部分借鉴大型卧式拉力试验机结构。同时为方便防擦链、拖缆等超长构件的安装与试验,采用整体敞开、前后贯通的机身结构,在平台机身及各个梁上预留一系列卡槽、螺纹孔等连接接口,通过在接口上安装相应的夹持单元可实现对不同对象的拉压试验。

整个测试平台由机械系统和控制系统两大部分组成。机械系统的基本结构如图 5-10 所示,包括机体(含导向装置)、动力装置(包含大小横梁)、夹具体或拉具(根据测试对象而异)和辅助部分(卷筒及附件)。控制系统包括液压系统、电控系统及相关软件包。

动力部分布置在机身前部,采用双伺服油缸同步加载;机身内部地面上安装两根平行钢轨,用于承载各移动部件并减少摩擦力对测试结果的影响;固定梁通过行走机构的驱动在钢轨上前后移动,当移动到所需位置时,通过可伸缩的方销与机身固定连接;T 型机身的拐角处设有一缺口及相应的填块,当进行应急拖带装置试验时取下填块,此时最大允许试验力为 4 000 kN,反之需在缺口处安装填

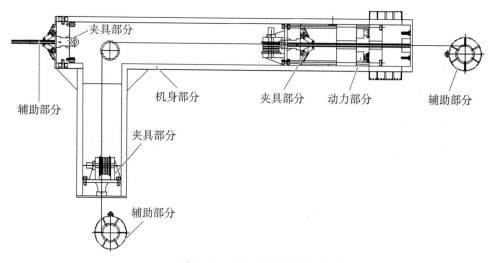

图 5 - 10　平台的基本结构

块,用以增加机身刚度,此时最大允许试验力为 12 000 kN;机身上部设有可移动防护网,用于保证试验人员的安全。

2) 应急拖带装置测试平台方案设计

平台测控系统的主要控制参量有试验加载力和活塞位移。一般来说,通过计算机给定值和相应传感器反馈值的差值可动态调节相应液压控制阀的开度,进而达到控制相关参量的目的。系统性能的优劣主要由系统的控制精度和系统自身的控制可靠性决定,这里的可靠性不仅包括了系统控制过程的可靠性,同时包括了当系统出现故障时系统要具有的自我保护和预警功能。测试平台作为一个验证产品质量的试验机,在整个检测过程中需要保持多点载荷值的恒定。对于普通的单一功能试验机来说,其闭环控制系统的结构图如图 5 - 11 所示。

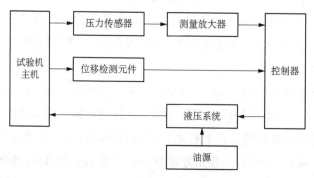

图 5 - 11　试验机闭环控制系统结构图

整个测试平台测控系统既可以手动控制也可以完全自动控制,实际应用中两种控制方式可以结合使用。检测过程中控制加载力和位移,使平台满足等速恒应力和等速位移等控制功能。测控系统总体设计图如图 5-12 所示。

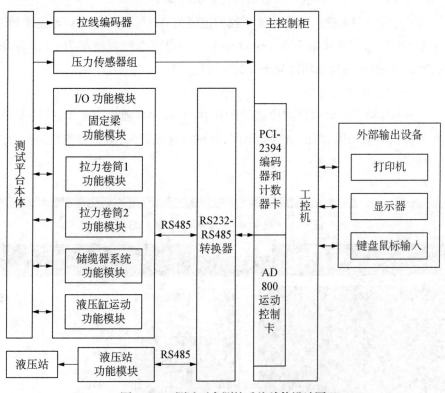

图 5-12　测试平台测控系统总体设计图

本测控系统将所有强电部件集中在强电控制柜内,实现强电单元与测控弱电单元的有效分离,并且所有进入工控机的信号都通过光电隔离或继电器隔离单元,以保证测控系统不受干扰,长期稳定工作。同时在电控柜上设置手动操作按钮,包括电源开关、急停以及油源油泵开停开关等。

本测控系统以工控机为主体,以运动控制卡为核心,不仅控制精度高、可靠性好,而且具有更大的灵活性。同时直动式电液伺服阀的使用不仅提高了系统的控制精度和响应速度,而且使系统具有极强的抗污染能力和更长的使用寿命。

本测控系统的主要技术指标如下。

(1)试验力测量系统。采用高精度力传感器测量试验机试验力;试验力测量误差不大于±0.2%;试验力测量范围为1%~100%FS(连续全量程测量);试

验力值直接显示在计算机屏幕上。

（2）位移测量系统。采用拉线式编码器测量活动梁和固定梁间的距离；量程为 2 000 mm；位移测量误差不大于±0.02 mm；位移测量范围为 0～100%FS（连续全量程测量）；位移值直接显示在计算机屏幕上。

（3）速度控制系统。载荷等速率控制范围为 0.1%～4%FS/s；等速率控制精度为±0.5%；位移速率为 0.1～50 mm/min；等速率控制精度为±0.5%；恒试验力、恒位移速率控制精度为±0.2%（设定值）。

3）测控系统功能介绍

（1）主界面。主界面是测控系统的控制中心，主界面由主菜单、快捷菜单、力和位移数字显示区、测试曲线显示区、测试变量设置区、测试过程控制区等组成，主界面如图 5-13 所示。

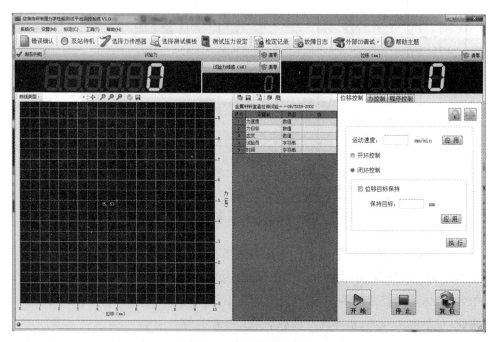

图 5-13　测控系统主界面

主界面主要负责管理各个功能区域并切换系统模式，显示试样的基本信息和试验控制状态信息。通过主界面操作可以管理测试模板、选择力传感器、标定加载力、配置相关参数、调试外部 I/O 等。

在主界面测试曲线显示区，用户可以根据需要选择实时测试过程曲线的显示形式：力-时间测试曲线、位移-时间测试曲线、力-位移测试曲线。在测试变量设置选项中，用户可以自定义测试过程中所使用的变量，生成测试报告所使用的变量，变量类型可以是数值型或文本型。测试过程控制区包括位移控制、力控制、程序控制三个选项卡，其中程序控制是在自定义程序控制模式下，系统按照用户编制的程序进行控制。

（2）系统设置。通过主界面设置菜单下的系统设置选项卡可以实现系统设置功能，在各项中输入相应参数，可以设定测试系统的不同边界条件。系统设置对话框如图 5－14 所示。

（3）力传感器配置。通过主界面设置菜单下的力传感器配置选项卡可以设定力传感器，力传感器配置对话框如图 5－15 所示。

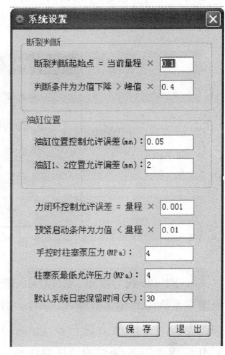

图 5－14　系统设置对话框

编号	量程(kN)	拉压方向	加载模式	最大速度(mm/min)	最大力速度(kN/s)	说明
1	12000	拉伸	拉前进，压前进	50	20	拉|600T*2
2	12000	压缩	拉前进，压前进	20	0	压|600T*2
3	1500	拉伸	拉前进，压前进	50	20	拉|100T*2
4	2000	压缩	拉后退，压前进	20	0	压|100T*4

图 5－15　力传感器配置对话框

（4）系统测试过程。

a. 力传感器的选择。力传感器主要由试验类型决定，根据试验是拉伸还是压缩试验选择拉伸或压缩传感器组，拉伸和压缩传感器量程主要由试验的力值

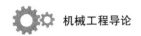

决定（如 12 000 kN 拉力试验则选择 12 000 kN——拉|600T＊2 传感器组）。弹出的选择力传感器对话框如图 5 - 16 所示。

图 5 - 16　力传感器对话框

　　b. 测试加载力设定。对液压系统进行加载力设定时，加载力设定值应在平台液压系统压力设定范围内（4～15 MPa 之间）。用户可以根据实际要求的试验加载力值对系统压力进行设定。一般 2 000 kN 级试验液压系统压力设定为 5 MPa，12 000 kN 级试验液压系统压力设定为 15 MPa，用户可根据此区间对不同力下的液压系统压力进行设定。测试压力设定对话框如图 5 - 17 所示。

图 5 - 17　测试力设定对话框

　　c. 测试时控制类型选择。测控系统控制类型包括位移控制、力控制及程序控制三种控制方法。对于简单的试验，选择单一的位移控制或者力控制方法就能控制试验测试过程。如果试验较为复杂，则单一的控制方法将无法满足要求，此时要选择程序控制方法按照用户自定义的程序进行测试试验。

　　以 WF4.5 为内核，开发了如图 5 - 18 所示的测试子系统，并应用成功。该子系统具有测试项目管理、测试流程定义与正确性验证、系统资源管理、报表模板管理及基于资源约束工作流驱动的测试过程控制等功能。系统通过封装 Activities. Presentation. WorkflowDesigner 类实现了测试流程的可视化编制，通过继承 Activities. CodeActivity 类定义了"位移开环控制""力闭环控制"等一系列单元测试活动，由于 WF4.5 中自带的控制流活动模型不能表达本文提出的复杂变迁模型，因此通过继承 Activities. NativeActivity 类实现了前述变迁模型。

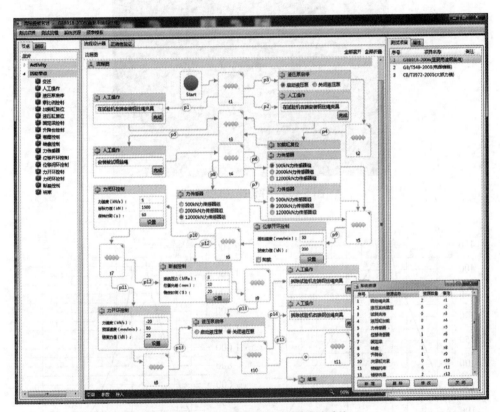

图 5 - 18　基于 RCTWF 的测试子系统

　　d. 测试结果保存。测试结果包括文本文件的保存和测试曲线的保存，可以在测试过程中选择曲线类型：力-时间测试曲线、位移-时间测试曲线、力-位移测试曲线。

　　利用上述系统与测试流程成功对某型深海拖缆(试验负荷为 2 000 kN，拖缆直径为 66 mm、长为 20 m)进行了强度测试，试验照片如图 5 - 19 所示，试验产生

的过程曲线如图 5‑20 所示。试验结果表明测试流程工作流可以很好地代替传统的测试脚本驱动试验机进行各种复杂试验,并具有流程清晰、不易出错的优点。

图 5‑19 深海拖缆试验照片

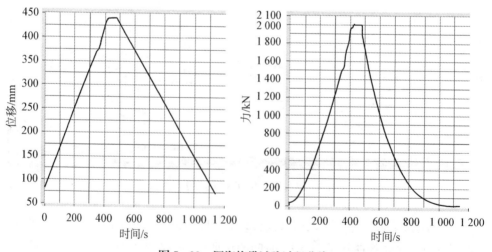

图 5‑20 深海拖缆试验过程曲线

e. 测试结果打印与导出。可以打开测试报告打印预览,对报告打印进行页面设置,并实现测试报告打印功能;还可以导出 Excel 格式的测试报告,以便对测试数据做进一步的处理。

（5）外部控制模块状态监控。测控系统外部控制模块包括主控制柜、液压缸、液压站、固定梁、卷筒 1、卷筒 2、储缆卷筒七个部分，该系统用来对控制模块输入输出量进行状态监测，对固定梁和液压站的监控界面如图 5 - 21 所示。

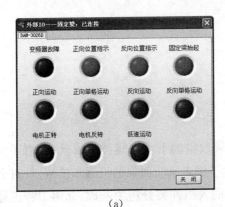
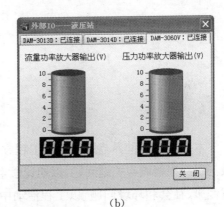

(a)　　　　　　　　　　　　(b)

图 5 - 21　外部 IO 状态监控界面

(a)固定梁；(b)液压站

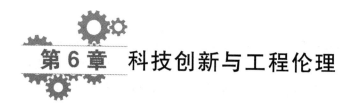

第6章 科技创新与工程伦理

本章介绍了世界范围内机械工程领域取得的十大卓越技术成就;介绍了机械工程新兴领域与关键问题,以期让学生了解未来所面临的机遇和挑战;针对全球健康、社会和环境问题,以工程活动中的人机冲突分析为基础,介绍工程伦理的概念与表现,以及其与技术创新的关系;探讨了船舶与海工行业新技术研发应遵守的伦理规范;最后,从国家战略发展层面,介绍了对新工程人才的新培养举措,以期激励学生刻苦读书,练好本领,做实现中华民族伟大复兴的接班人。

6.1 机械工程领域十大成就

汽车是继造纸、火药、指南针、活字印刷术之后的又一重大发明,堪称人类历史上第五大发明。汽车的发明加速推进了科技与人类社会进步的速度。无论是过去的"蒸汽"时代、"电气"时代,还是当代的"信息"时代,甚至是未来的智能时代,都深刻地记载着人类不断取得革命性突破的聪明智慧。

机械工程不仅仅包含数字、计算、计算机、齿轮和润滑脂。从本质上讲,这一职业的驱动力是技术推动人类社会发展的愿望。该领域最重要的专业组织之一是美国机械工程师协会(American Society of Mechanical Engineers,ASME),它目前正在全球范围内推广多学科工程和相关科学的艺术、科学和实践。ASME调查其成员以确定机械工程师的主要成就。图6-1中总结的机械工程领域十大成就可以帮助你更好地了解机械工程师是谁,并欣赏他们为世界做出的贡献。

1) 汽车

汽车的开发和商业化被认为是20世纪最重要的成就。汽车技术发展的影

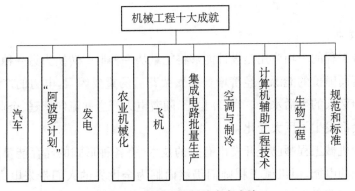

图 6 - 1　机械工程领域十大成就

响因素是高功率、轻质发动机和大规模制造的高效工艺。除了改进发动机之外，汽车市场的竞争也引起了安全性、燃油经济性、舒适性和排放控制领域的进步。如图 6 - 2 所示为机械工程师设计、测试和制造的先进的汽车系统。一些较新技术的产品包括混合动力电动汽车，防抱死制动系统，泄气保用轮胎，安全气囊，复合材料，燃料喷射系统的计算机控制，卫星导航系统，可变气门和燃料电池。

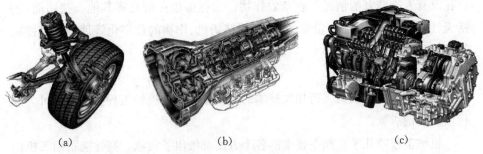

　　　（a）　　　　　　　　　　（b）　　　　　　　　　（c）

图 6 - 2　先进的汽车系统

（a）悬架系统；（b）自动变速器；（c）六缸气电混合动力发动机

2）"阿波罗计划"

　　1961 年，约翰·肯尼迪总统向美国提出挑战，让一名男子登上月球并安全返回地球。该目标的第一部分是在不到十年之后的 1969 年 7 月 20 日"阿波罗 11 号"登陆月球表面时实现的。尼尔·阿姆斯特朗等三名工作人员于几天后安全返回。由于其技术进步和深刻的文化影响，"阿波罗计划"被选为 20 世纪第二大最具影响力的机械工程成就。

　　"阿波罗计划"基于三个主要的开发工程：巨大的三级"土星五号"运载火箭，指挥和服务模块，月球游览模块。这是有史以来所设计的第一辆在太空飞行

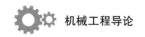

的车辆。

3）发电

机械工程的一项应用是设计能够将能量从一种形式转换为另一种形式的机械。丰富而廉价的能源是经济增长和繁荣背后的重要因素，电力的产生提高了全球数十亿人的生活水平。在 20 世纪，随着电力产生并流向家庭、企业和工厂，整个社会都发生了巨大变化。

尽管机械工程师已经开发出有效的技术，将各种形式的储存能量转换成更容易分配的电能，但机械工程师们仍然面临为全世界的人们带来电力的挑战。随着自然资源供应量的减少，燃料成本不断提升，机械工程师将更加积极地参与开发先进的发电技术，包括太阳能发电系统、海洋和风力发电系统。

4）农业机械化

机械工程师已经开发了许多提高农业效率的技术。1916 年引进动力拖拉机和联合收割机开启了农业自动化时代，极大地简化了谷物收割流程。目前，机械工程师正在研发将 GPS 技术以及智能引导和控制算法融入收割机器，使机器具有自主收获场地的能力。正在开发的机器人可以学习谷物的形状和地形，并且在没有人类监督的情况下收获农作物。工程师也在研究将其他一些功能，包括天气观测和预测、高容量灌溉泵、自动挤奶机、作物的数字化管理和害虫控制等融入收割机器中。

5）飞机

飞机和与安全动力飞行相关技术的研发也被美国机械工程师协会认可为该行业的关键成就。

机械工程师几乎在航空技术的各个方面都做出了贡献。高性能军用飞机的改进，包括矢量涡轮风扇发动机的研发应用，使飞行员能够改变发动机的推力以进行垂直起飞和着陆。机械工程师设计了先进喷气发动机的燃烧系统、涡轮机和控制系统。

6）集成电路批量生产

电子工业中，集成电路技术、计算机存储器芯片和微处理器小型化技术已经被开发出来。机械工程师在 20 世纪为开发集成电路所涉及的制造方法做出了重要贡献。英特尔公司在 1972 年首次销售的老式 8008 处理器中有 2 500 个晶体管，而目前来自甲骨文公司（Oracle）的 SPARC M7 处理器拥有超过 100 亿个晶体管。

机械工程师设计机械、校准系统、采用先进材料、控制温度变化和振动隔离，使得在纳米尺度上制造集成电路成为可能。相同的制造技术可用于生产微米级或纳米级的其他机器。利用这些技术,具有移动部件的机器可以制造得如此小,以至于人眼不易察觉,只能在显微镜下观察。机械工程师设计和制造尺寸微小的机器,这些小齿轮比蜘蛛螨还要小,整个齿轮小于人发的直径,还可以将单个齿轮组装成比一粒花粉还小的齿轮组。

7) 空调和制冷

机械工程师发明了高效的空调制冷技术。如今,这些制冷系统不仅可以保障人们的生命安全和生活舒适性,还可以用来保存食品和医疗用品。与其他基础设施一样,我们通常不会认识到空调的价值。但需要注意的是,在 2003 年夏天的欧洲热浪中,法国有 1 万多人死亡,其中有许多老年人直接死于高温。

8) 计算机辅助工程技术

计算机辅助工程(CAE)是指机械工程中的各种自动化技术,包括使用计算机进行计算、准备技术图纸、模拟性能和控制工厂中的机床。波音 777 是第一台通过无纸化计算机辅助设计过程开发的商用客机。波音 777 的设计始于 20 世纪 90 年代初,当时,人们意识到必须专门为设计工程师创建一个新的计算机基础设施。传统的纸笔绘图服务几乎被淘汰。计算机辅助设计、分析和制造活动遍布在 17 个时区的约 200 个设计团队中。因为这架飞机有超过 300 万个独立部件,所以把所有的东西整合在一起是一个非凡的挑战。通过广泛使用 CAE 工具,设计人员在生成任何硬件之前,能够在虚拟的、模拟的环境中检查零件对零件的配合情况。目前研究人员正在开发用于各种计算平台的 CAE 工具,其中用到的技术和设备包括移动机器人、云计算技术和虚拟机等。

9) 生物工程

生物工程学科将传统工程领域与生命科学和医学联系起来。尽管生物工程被认为是一个新兴领域,但它在美国机械工程师协会的十大名单中。这不仅仅是因为其已经取得的进展,而且还因为其未来在解决医疗和健康相关问题具有很大潜力。

生物工程的一个目标是创造技术以推动制药和医疗保健行业的发展,包括发现药物、研究基因组学、研究超声成像、置换人工关节、植入心脏起搏器、开展人工心脏瓣膜和机器人辅助手术等。例如,机械工程师应用热传递原理来帮助外科医生进行冷冻手术,这是一种使用液氮的超低温度来破坏恶性肿瘤的技术。组织工程和人工器官的发展也是机械工程师发力的领域,他们经常与医生和科学家合作,恢复人体受损的皮肤、骨骼和软骨。

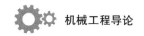

10) 规范和标准

工程师设计的产品必须与他人开发的硬件相连接,并与之兼容。正是因为有规范和标准,可以保证你下个月购买的汽油和今天购买的一样适用于你的汽车。同样地,你在美国的汽车配件商店购买的套筒扳手也适用于德国制造的汽车上的螺栓。规范和标准必须明确机械零件的物理特性,以便其他人能够清楚地了解其结构和操作。许多标准是根据政府和行业团体的共识制定的,随着企业国际业务的扩展,标准变得越来越重要。规范和标准的制订涉及行业协会、专业工程协会(如美国机械工程师协会)、保险商实验室等测试团体以及美国测试与材料协会等组织之间的合作。

6.2 机械工程新兴领域与热点问题

科研新成果、产业新技术的不断涌现和推广应用催生了许多新的经济部门或行业。同时,正是因为这些新兴技术领域或产业具有高技术含量、高附加值、资源集约等特点,从而促进了世界各国经济和企业走上创新驱动、内生增长发展的轨道。无论是新技术产业化,还是用高新技术改造传统产业所形成的新兴产业,对工程师来说既是机遇,也是挑战。

6.2.1 机械工程新兴领域

ASME 发布了一项研究,确定了机械工程领域中的一些新兴领域/产业(见图 6-3)。在图 6-3 中,新兴字段是根据受访者调查中提到的频率进行排序的。毫无疑问,新兴的领域与解决健康护理和能源问题有关。总的来说,这些问题将成为机械工程师对全球健康、社会和环境问题产生重大影响的重要机会。

专业学习的目的是帮助机械工程师为任何机械工程领域(新兴或传统领域)的成功和职业做好准备。因此,本书前面章节所介绍的机械工程的基本原理将有利于机械工程师今后继续学习和实践。事实上,ASME 还确定了机械工程中最重要的持久领域/工具以及机械工程师在未来 10~20 年内取得成功所需的技能。因此,无论你是否将进入一个新兴持久的领域,机械工程会让你具备综合使用分析模型、计算工具和个人技能来解决问题的能力。

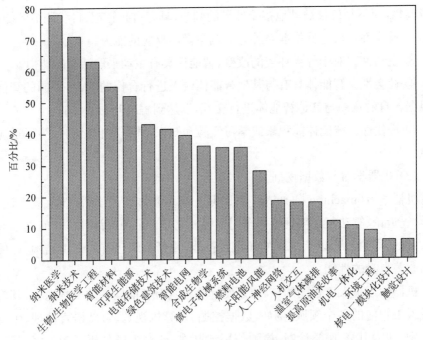

图 6-3　ASME 研究确定的新兴机械工程领域

6.2.2　机械工程新兴领域的热点问题

1) 智能技术

智能的发生、物质的本质、宇宙的起源和生命的本源一直是自然界的奥秘，其中智能和智能的本质也一直是古今中外科学家努力探索和研究的问题。智能技术主要表现为计算机技术、精密传感技术和 GPS 定位技术在不同领域的综合应用，如智能汽车、机器自动化与智能化、故障诊断的智能化、船舶航行的自动化与智能化等等。智能技术是为了实现某种预期目的所采用的各种方法和手段。

(1) 智能体。

智能体（agent），顾名思义，就是具有智能的实体，又称代理或智能主体，它是人工智能领域中一个很重要的概念。任何能够独立思考并可以与环境交互的实体都可以抽象为智能体。IT 界的智能体概念是由麻省理工学院的著名计算机学家和人工智能学科创始人之一的 Minsky 提出来的，他在 *Society of Mind* 一书中将社会与社会行为概念引入计算系统。智能体具有下列基本特性。

147

① 自治性。智能体能根据外界环境的变化,而自动地对自己的行为和状态进行调整,而不是仅仅被动地接受外界的刺激,具有自我管理、自我调节的能力。

② 反应性。反应性指能对外界的刺激做出反应的能力。

③ 主动性。对于外界环境的改变,智能体具有主动采取活动的能力。

④ 社会性。智能体具有与其他智能体或人进行合作的能力,不同的智能体可根据各自的意图与其他智能体进行交互,以达到解决问题的目的。

⑤ 进化性。智能体能积累或学习经验和知识,并修改自己的行为以适应新环境。

(2) 机器学习与数据挖掘。

机器学习(machine learning,ML)是一门多领域交叉学科,涉及概率论、统计学、逼近论、算法复杂度理论等多门学科。它是专门研究计算机如何模拟或实现人类的学习行为,以获取新的知识或技能,重新组织已有的知识结构,并使之不断改善自身的性能。

机器学习是人工智能的核心,是使计算机具有智能属性的根本途径,其应用遍及人工智能的各个领域,例如,数据挖掘、计算机视觉、自然语言处理、生物特征识别、搜索引擎、医学诊断、检测信用卡欺诈、证券市场分析、DNA 序列测序、语音和手写识别、机器人运用。

机器学习领域的研究工作主要围绕以下三个方面进行:①面向任务的研究。研究和分析改进一组预定任务执行性能的学习系统。②认知模型。研究人类学习过程并进行计算机模拟。③理论分析。从理论上探索各种可能的学习方法和独立于应用领域的算法。

机器学习的发展过程大体上可分为 4 个时期:第一阶段是热烈时期,20 世纪 50 年代中叶到 20 世纪 60 年代中叶;第二阶段是冷静时期,从 20 世纪 60 年代中叶至 20 世纪 70 年代中叶;第三阶段是复兴时期,从 20 世纪 70 年代中叶到 20 世纪 80 年代中叶;第四阶段是机器学习的最新阶段,始于 1986 年。

机器学习是人工智能和神经计算的核心研究课题之一。现有的机器学习方法还不能够很好地适应科技和生产提出的新要求,因此,Hinton 等人于 2006 年提出了深度学习(deep learning,DL)方法,它源于人工神经网络的研究,通过组合低层特征形成更加抽象的高层,并表示属性类别或特征,以发现数据的分布式特征表示。机器学习的讨论和机器学习研究的进展必将促进人工智能和整个科学技术的进一步发展。

数据挖掘(data mining,DM),又译为资料探勘、数据采矿,它是数据库知识发现(knowledge-discovery in databases，KDD)中的一个步骤。数据挖掘一般是指通过算法从大量的数据中自动搜索隐藏于其中有着特殊关系的信息，即通过分析每个数据，从大量数据中寻找其规律的技术，主要有数据准备、规律寻找和规律表示等步骤。

数据挖掘通常与计算机科学有关，数据挖掘的任务有关联分析、聚类分析、分类分析、异常分析、特异群组分析和演变分析等。数据挖掘通过统计、在线分析处理、情报检索、机器学习、专家系统和模式识别等诸多方法来实现。

(3) 自主计算。

自主计算(autonomic computing)是一个新兴的研究热点，主要通过现有的计算机技术来替代人类部分工作，使计算机系统能够自调优、自配置、自保护、自修复，以技术管理技术方式提高计算机系统的效率，降低管理成本。IT 系统拥有自我调节能力而无须过多人工干预，即将复杂性嵌入系统设施本身，使系统本身能够自主运行，并自我调整以适应不同的环境，同时，用户觉察不到复杂性。

自主计算是美国 IBM 公司于 2001 年 10 月提出的一种新概念。IBM 将自主计算定义为能够保证电子商务基础结构服务水平的自我管理(self.managing)技术。其最终目的在于使信息系统能够自动地对自身进行管理，并维持其可靠性。自主计算的核心是自我监控、自我配置、自我优化和自我恢复，主要研究内容包括以下几方面：

① 自配置。自配置使个人电脑(PC)可以在无人参与的情况下自动安装应用程序，可用于包括 IBM 和其他品牌 PC 的混合环境。系统移植助理则通过保存用户的设置，使用户特殊的数据、应用以及个人设置从旧系统向新系统转移时更容易。

② 自恢复。它能使 PC 用户快速、轻松地实现文件数据乃至应用程序和操作系统本身的恢复。

③ 自优化。自优化软件可以让用户轻易地在多种有线或无线的网络中切换，而不必担心网络连接时的设置变更过程。

④ 自保护。自保护利用系统集成的安全芯片和客户安全软件，提供同时基于软硬件的保护措施。

2)"工业 4.0"和"中国制造 2025"

(1)"工业 4.0"产生的背景。

工程改变世界，行动创造未来。在过去三四十年，甚至更早以前，互联网技术(internet technology，IT)革命使我们的生活和工作发生了根本性改变，

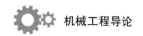

其影响力可分别与成就前两次工业革命的机械和电力相媲美。当前,德国的制造业是世界上最具竞争力的产业之一,这归功于德国企业能够管理复杂的工业生产过程,不同任务由位于不同地点的合作伙伴完成。近二三十年来,德国企业已成功地利用信息通信技术(information and communications technology,ICT)实现对工业生产过程的管理,目前,大约90%的工业生产过程已应用ICT技术。

此外,个人电脑向智能设备的演变与发展使得越来越多的IT基础设施和服务通过智能网络(云计算)来提供,这一趋势宣告人们期盼的强调和环境融为一体的计算概念——普适计算已成为现实。再者,通过无线通信,越来越多功能强大、自主微型电脑(嵌入式系统)实现了与其他微型电脑和互联网的互联,这表明物理世界和虚拟世界(网络空间)将以信息-物理系统(cyber physical system,CPS)的形式实现融合。

新的互联网协议IPv6于2012年推出后,目前已经有足够多的IP地址可供智能设备直接联网。于是,物联网及服务互联网能在网络资源、信息、物体和人之间实现。这也将扩展至工业领域,在制造业中,这种技术的演化可以描述为"第四阶段的工业化"或"工业4.0"。工业化发展进程如图6-4所示。

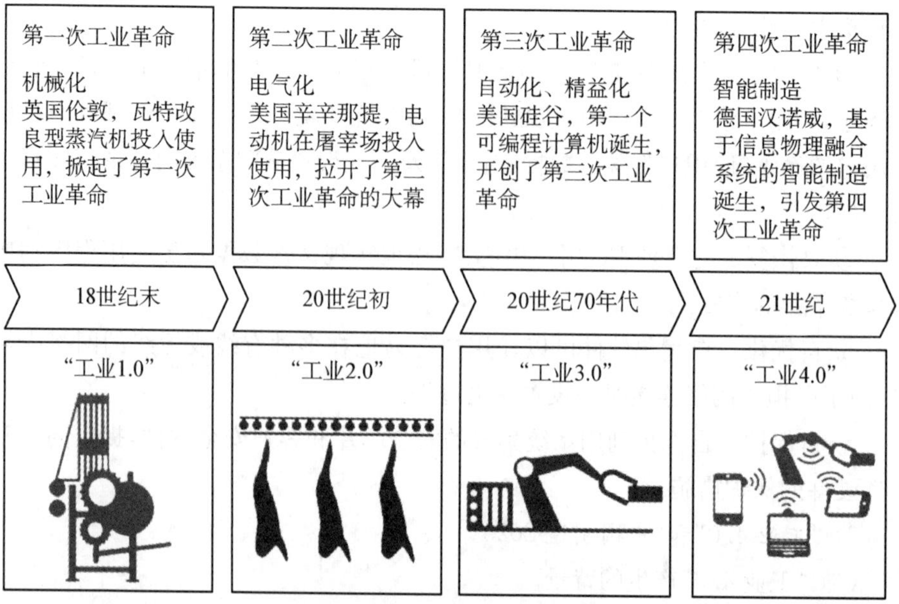

第一次工业革命	第二次工业革命	第三次工业革命	第四次工业革命
机械化 英国伦敦,瓦特改良型蒸汽机投入使用,掀起了第一次工业革命	电气化 美国辛辛那提,电动机在屠宰场投入使用,拉开了第二次工业革命的大幕	自动化、精益化 美国硅谷,第一个可编程计算机诞生,开创了第三次工业革命	智能制造 德国汉诺威,基于信息物理融合系统的智能制造诞生,引发第四次工业革命
18世纪末	20世纪初	20世纪70年代	21世纪
"工业1.0"	"工业2.0"	"工业3.0"	"工业4.0"

图6-4 工业化发展过程

德国为了保持其制造业在全球的领先地位提出"工业 4.0",主要是发挥德国在制造技术和制造装备领域的传统优势,将制造业和互联网等技术融合,形成基于工业互联网的先进制造技术——智能制造技术。为了实现工业生产向"工业 4.0"的转变,德国需要采取双重策略。德国装备制造业应寻求稳固在全球市场领导地位的策略,一如既往地把信息通信技术与其传统的高科技战略进行整合,使自己成为智能制造技术的主要供应商,与此同时,还有必要为 CPS 技术和产品创建新的市场,并为之服务。要实现上述目标,以下"工业 4.0"的基本特征应该得到落实:①通过价值网络实现横向集成;②工程端到数字端集成,横跨整个价值链;③垂直集成和制造系统网络化。这些特征是制造商在面对变幻莫测的市场能够取得稳固地位的重要因素,同时使它们的创造活动适应变化的市场需求。双重物理网络系统战略中提到的特征将允许制造企业在高度动态的市场中达到快速的、准时的、无故障的生产。

(2)"工业 4.0"内涵及主题。

"工业 4.0"这一词汇,早在 2011 年的汉诺威工业博览会中就已经被提出,并在 2013 年 4 月的汉诺威工业博览会上正式推出。"工业 4.0"旨在提升制造业的智能化水平,将物联网和智能服务引入制造业,如图 6-5 所示。"工业 4.0"包含了智能工厂、工业网络系统、IT 系统、生产链的自主控制。"工业 4.0"提倡物与服务串连。

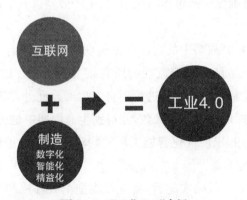

图 6-5　"工业 4.0"内涵

"工业 4.0"项目主要分为三大主题:一是"智能工厂",重点研究智能化生产系统及过程,以及网络化分布式生产设施的实现;二是"智能生产",主要涉及整个企业的生产物流管理、人机互动及 3D 技术在工业生产过程中的应用等;三是

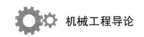

"智能物流",主要通过互联网、物联网整合物流资源,充分发挥现有物流资源供应方的效率,而需求方则能够快速获得服务匹配,得到物流支持。

（3）"工业 4.0"战略与愿景。

"工业 4.0"战略将建立高度灵活的个性化和数字化产品与服务的生产模式,并产生各种新的活动领域和合作形式,改变创造新价值的过程,重组产业链分工。通过实施这一战略,将实现小批量定制化生产,提高生产率、降低资源量、提高设计和决策能力、弥补劳动力高成本劣势。

德国"工业 4.0"战略将更具灵活性,也更强劲,在工程、规划、制造、运营和物流中实施最高标准。这将催生动态的、实时优化、自我组织的价值链,并可通过一系列标准（如成本、可用性和资源消耗）进行优化。这一价值链还需要适当的监管框架、标准化接口和统一的业务流程。以下是德国"工业 4.0"战略的愿景。

① 德国"工业 4.0"的最大特点是制造业中所有参与者及资源可高度互动。互动主要围绕制造资源网络（制造机械、机器人、输送机、仓储系统及生产设施）进行。这些网络独立自主,在不同情况下能自我管理,自我配置,还装备了传感器,可分散安装,并融入了相关规划及管理系统。作为这一愿景的关键组成部分,智能工厂将被纳入公司内部价值网络,它的特点是包括制造过程和制造产品的端对端工程,实现数字和物理世界的无缝衔接。智能工厂将使复杂的制造流程便于管理,并同时确保生产过程的吸引力、生产效益以及工厂在市区环境的可持续性发展。

② 德国"工业 4.0"战略中的智能产品可明确识别,并有可能随处可见。即使还在生产环节,产品自身制造流程的所有细节均可控。这意味着,在某些领域,智能产品可以控制各生产阶段进行半自主生产。此外,"工业 4.0"这还能确保成品了解自身发挥最优性能的参数,并辨别生命周期中是否发生磨损和毁坏。这些数据可集合使用,以便优化智能工厂的物流、布局、维护程序以及方便与业务管理应用程序的整合。

③ 德国"工业 4.0"战略实施后,将有可能把个人客户和产品的独特特性融入设计、配置、订购、计划、生产、运营和回收阶段。它甚至可以在制造和运营之前的最后一分钟或过程中提出变更要求,这将使生产一件定制产品和小批量产品也能产生利润。

④ 德国"工业 4.0"战略的实施将使员工能根据具体情况进行控制、监管,配置智能制造网络资源和制造步骤。员工再也无须完成例行任务,他们可以更多

地关注创新和具有附加值的活动。因此,"工业 4.0"在确保产品质量方面将起到关键作用。同时,灵活的工作条件也将员工的工作和个人需求更好地结合起来。

⑤ 德国"工业 4.0"战略的实施需要进一步扩展相关的网络基础设施,并通过服务水平协议进一步规范网络服务。这将有望满足大流量数据应用程序和服务供应商的高带宽需求,以保证关键应用程序的运行时间。

(4)"中国制造 2025"。

2015 年 5 月,国务院印发了《中国制造 2025》,它是我国政府立足于国际产业变革大势,在新的国际环境下做出的全面提升中国制造业发展质量和水平的重大战略部署。其根本目标在于改变中国制造业"大而不强"的局面,通过十年的努力,使中国迈入制造强国行列,为到 2045 年将中国建成具有全球影响力的制造强国奠定坚实基础。

"中国制造 2025"是中国政府实施制造强国战略的第一个十年行动纲领。《中国制造 2025》提出,坚持创新驱动、质量为先、绿色发展、结构优化、人才为本的基本方针,坚持市场主导、政府引导,立足当前、着眼长远,整体推进、重点突破,自主发展、开放合作的基本原则,力争通过"三步走"实现制造强国的战略目标。第一步,到 2025 年迈入制造强国行列;第二步,到 2035 年我国制造业整体达到世界制造强国阵营中等水平;第三步,到新中国成立一百年时,综合实力进入世界制造强国前列(见图 6-6)。

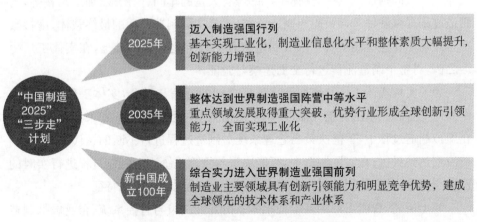

图 6-6　"中国制造 2025""三步走"计划

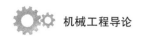

《中国制造2025》提出了实施"五大工程",发展"十个领域"。"五大工程"包括制造业创新中心建设工程、基础强化工程、智能制造工程、绿色制造工程和高端装备创新工程。"十个领域"包括新一代信息技术产业、高档数控机床和机器人、航空航天装备、海洋工程装备及高技术船舶、先进轨道交通装备、节能与新能源汽车、电力装备、农机装备、新材料、生物医药及高性能医疗器械等十个重点领域。

(5)智能工厂。

① 智能工厂简介。智能工厂将智能设备与信息技术在工厂层级完美融合,涵盖企业的生产、质量、物流等环节,是智能制造的典型代表,主要解决工厂、车间和生产线的生产问题以及产品从设计到制造的转换过程。智能工厂将设计规划从经验和手工方式转化为精确可靠的计算机辅助数字仿真与优化,管理层有EPR系统在企业层面为质量管理、生产绩效和生命周期管理等提供业务分析报告;控制层由MES系统(一种面向制造企业车间执行层的生产管理信息化系统)对生产状态的实时掌控,快速处理制造过程中物料短缺、设备故障等各种异常情形;执行层面由工业机器人、数控机床和其他智能制造装备系统完成自动化生产流程。数字化智能工厂能够减少试生产和工艺规划时间,缩短生产准备期,提高规划质量,提高产品数据统一与变型生产效率,优化生产线的配置,降低设备人员投入,实现制造过程智能化与绿色化。

智能工厂由赛博(cyber-physical)空间中的虚拟数字工厂和物理系统中的实体工厂共同构成。其中,实体工厂部署有大量的车间、生产线、加工装备等,为制造过程提供硬件基础设施与制造资源,也是实际制造流程的最终载体;虚拟数字工厂则是在这些制造资源以及制造流程的数字化模型基础上,在实体工厂生产之前,对整个制造流程进行全面建模与验证。

为了实现实体工厂与虚拟数字工厂之间的通信与融合,实体工厂的各制造单元还配备有大量的智能元器件,用于感知制造过程中的工况和采集制造数据。在虚拟制造过程中,智能决策与管理系统对制造过程进行不断的迭代优化,使制造流程达到最优;在实际制造中,智能决策与管理系统则对制造过程进行实时的监控与调整,进而使制造过程表现出自适应、自优化等智能化特征。

综上所述,智能工厂的基本框架体系由智能决策与管控系统、企业虚拟制造平台、智能制造车间等关键部分组成,如图6-7所示。

② 智能工厂的建设原则。制造企业应以"中国制造2025"为宗旨,以两化深度融合为突破口,参考德国"工业4.0"中的智能工厂模式及美国GE工业互联网

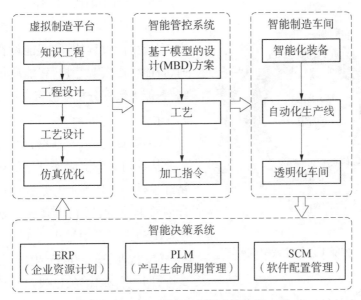

图 6-7 智能工厂基本构架

等先进理念,结合企业实际情况,以人为本,建设"设备自动化、人员高效化、管理信息化"的中国特色智能工厂,如图 6-8 所示。

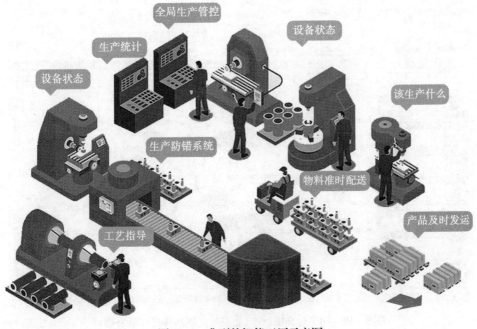

图 6-8 典型的智能工厂示意图

图 6-9 智能工厂的建设组成要素

（6）具有中国特色的智能工厂的建设。

智能工厂的建设包括智能计划排产、智能生产过程协同、智能设备互联互通、智能生产资源管控、智能质量过程控制、智能大数据分析与决策支持，如图 6-9 所示。

① 智能计划排产。智能计划排产首先要从计划源头上确保计划的科学性和精准性，从 ERP 等上游系统读取主生产计划并集成，然后利用高级计划排程系统（APS）进行自动排产。如图 6-10 所示，按交货期、精益生产、生产周期、最优库存、同一装夹优先、已投产订单优先等多种高级排产算法自动生成的生产计划，可准确到每一道工序、每一台设备、每一分钟，并使交货期最短、生产效率最高、生产最均衡化。这是对整个生产过程进行科学管理的源头与基础。

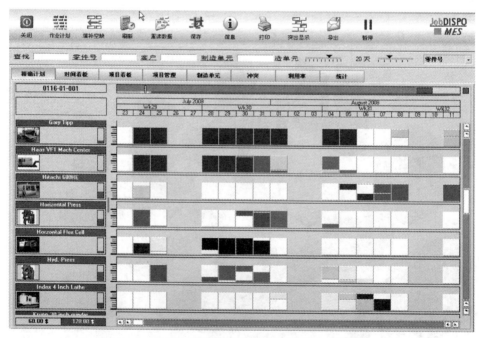

图 6-10 图形化高级排产（北京兰光创新科技有限公司）

② 智能生产过程协同。为避免操作工因忙于找刀、找料、检验等辅助工作而造成设备有效利用率低的情况,企业要在生产准备过程中实现物料、刀具、工装、工艺等的并行协同,实现车间内的协同制造,从而提升机床的有效利用率。智能的生产过程协同流程如图 6-11 所示。

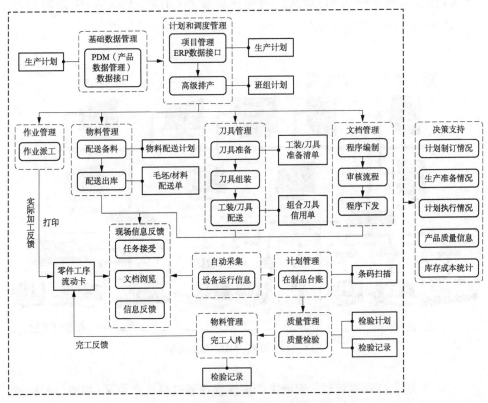

图 6-11 智能的生产过程协同流程

随着 3D 模型的普及,在生产过程中实现以 3D 模型为载体的信息共享,将 CATIA、PRO/E、NX 等多种数据格式的 3D 图形、工艺直接下发到现场,做到生产过程的无纸化,也可明显减少图纸转化与看图的时间,提升工人的劳动效率。

a. 智能设备的互联互通。工业互联网通过智能机器间的连接而最终实现人机连接。智能制造(intelligent manufacturing, IM)是一种由智能机器和人类专家共同组成的人机一体化智能系统,它在制造过程中能进行智能活动,如分析、推理、判断、构思和决策等。"工业 4.0"指利用信息物理系统(cyber physical system, CPS)将生产中的供应、制造、销售信息数据化和智慧化,最后达到快速、有效地供应个性化产品。从本质上讲，它们都是以信息物理系统为核心，即通过 3C(computer、communication、control)技术，使系统中的数控设备、机器人、自动化生产线等物理实体实现有机融合与深度协作，并通过分布式数控/制造业数据收集(DNC/MDC)的机床联网、数据采集、大数据分析、可视化、智能决策等功能，实现实时感知、动态控制和信息服务。DNC/MDC 系统架构如图6-12所示。

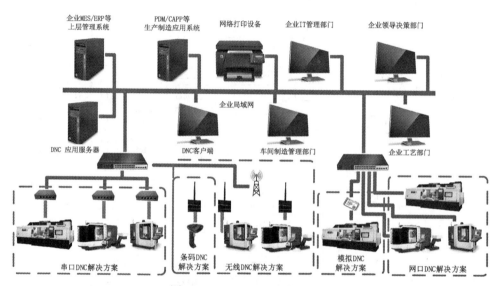

图6-12　DNC/MDC 系统架构

　　b. 智能生产资源管理。智能生产资源管理通过对生产资源(物料、刀具、量具、夹具等)进行出入库查询、盘点、报损、并行准备、切削专家库、统计分析等，有效地避免了生产资源的积压与短缺，实现了库存的精益化管理，可最大限度地减少因生产资源不足带来的生产延误，也可避免因生产资源的积压造成生产辅助成本的居高不下。刀具、量具智能数据库管理系统如图6-13所示。

　　c. 智能质量过程管控。智能质量过程管控除了对生产过程中的质量问题进行及时处理，分析出规律，减少质量问题的再次发生以外，还在生产过程中对生产设备的制造过程参数进行实时采集并及时干预，是确保产品质量的一个重要手段。该管控通过工业互联网对熔炼、压铸、热处理、涂装等数字化设备进行采集与管理，如采集设备基本状态，对各类工艺过程数据进行实时监测、动态预警、过程记录分析等，可实时、动态、严格地控制加工过程，确保产品生产过程完

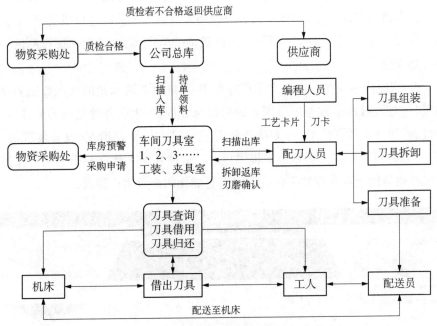

图 6 - 13　刀夹、量具智能数据库管理系统

全受控。设备生产参数的实时监控与及时处理系统界面如图 6 - 14 所示。

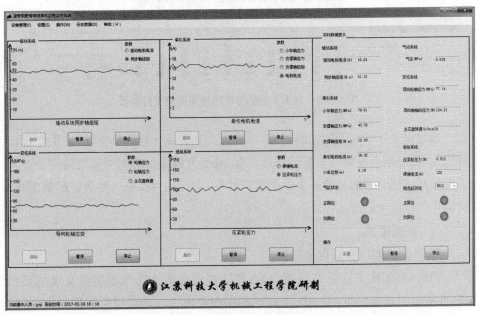

图 6 - 14　设备生产参数的实时监控与及时处理系统界面

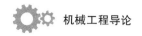

当生产一段时间,质量出现一定的规律时,我们可以综合分析工序过程的主要工艺参数与产品质量,为技术人员与管理人员进行工艺改进提供科学、量化的参考数据,并在以后的生产过程中,确保最优的生产参数,从而保证产品的一致性与稳定性。

d. 智能决策支持。在整个生产过程中,系统承载着大量的生产数据和设备的实时数据,对这些数据进行深入的挖掘与分析,可生成各种直观的统计表、分析报表,如计划制订情况、计划执行情况、质量情况、库存情况、设备情况等(见图6-15),可为相关人员做决策提供帮助。这种基于大数据分析的决策支持可以很好地帮助企业实现数字化、网络化、智能化的高效生产模式。

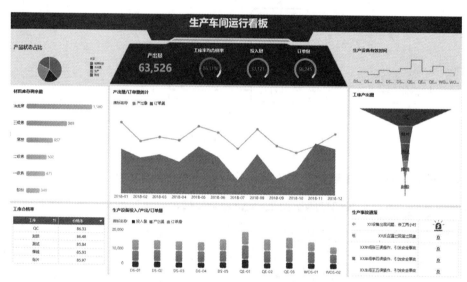

图6-15 基于大数据分析的智能决策支持报表

通过以上六个方面智能的打造,可极大提升企业计划的科学性,使生产过程协同化,促进生产设备与信息的深度融合,基于大数据分析的决策支持使企业管理可量化、透明化,明显提升企业的生产效率与产品质量,是一种很好的数字化、网络化的智能生产模式。

(7)典型案例。

① 外高桥船厂智能化造船。

当前,第四次工业革命热度空前,智能制造已成为全球制造业发展的新趋势,并推动形成新的生产方式、产业形态和商业模式。面对这一形势,外高桥船厂造船按照《中国船舶工业集团有限公司智能制造实施方案》的部署要求,确定了智能制造的总体思路、实施原则及发展目标,积极探索智能制造新路径,着力提升船舶总装造船的数字化、网络化与智能化水平。图 6-16 为外高桥船厂造船现场照片。

图 6-16　外高桥船厂造船现场一瞥

外高桥造船推进智能制造的总体思路是,贯彻制造强国和中船集团高质量发展战略刚要,以基于模型的系统工程(MBSE)为总体构架,以"双精"(精益生产和精细管理,见图 6-17)为目标,以知识、模型、数据为核心,以提高数字化设计、工艺流程再造、设备智能化、两化融合和供应链管理等能力为主线,通过知识

图 6-17　外高桥船厂"双精"目标

与业务的融合,提升设计质量、生产效率,降低综合成本,不断提升企业竞争力,达到让客户满意的目的,实现高质量发展。

外高桥船厂造船推进智能制造的实施原则是,以数字化为基础、网络化为关键、智能化为方向、成本与效益为核心、重点项目为依托,通过试点先行、示范引路的模式,从点、线、面各个层面有序推进,如图6-17所示。在这一过程中,外高桥船厂造船将遵循"七个坚持",即坚持不在落后的工艺上搞自动化;坚持不在落后的管理上搞信息化;坚持不在网络化、数字化基础不足时搞智能化;坚持以"精益造船"为导向,打造高效船舶建造体系;坚持以"三化造船"为基础,提高自动化、数字化生产水平;坚持以"信息感知"为源头,建立造船过程智能管控平台;坚持以智能技术为手段,提升造船质量和效率。智能制造关键任务如图6-18所示。

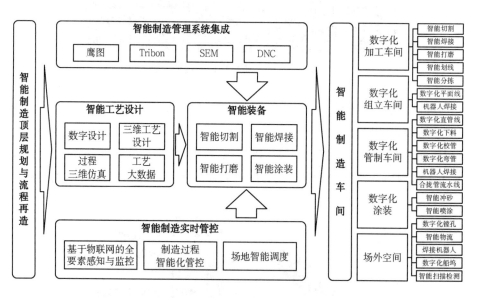

图6-18 智能制造关键任务

② 三一重工智能工厂。三一重工的10号厂房是总装车间,有混凝土机械、路面机械、港口机械等多条装配线,通过在生产车间建立"部件工作中心岛",即单元化生产,将每一类部件从生产到下线所有工艺集中在一个区域内,犹如在一个独立的"岛屿"内完成全部生产。这种组织方式打破了传统流程化生产线呈直线布置的弊端,在保证结构件制造工艺不改变、生产人员不增加的情况下,实现了减少占地面积、提高生产效率、降低运行成本的目的。三一重工智能工厂布局

结构如图 6 - 19 所示。

图 6 - 19　三一重工智能工厂布局结构

目前,三一重工已建成车间智能监控网络和刀具管理系统,公共制造资源定位与物料跟踪管理系统,计划物流、质量管控系统,生产控制中心(PCC)中央控制系统等智能系统,还与其他单位共同研发了智能上下料机械手、基于 DNC 系统的车间设备智能监控网络、智能化立体仓库与 AGV 运输软硬件系统、基于射频识别(RFID)设备及无线传感网络的物料和资源跟踪定位系统、高级计划排程系统(APS)、制造执行系统(MES)、物流执行系统(LES)、在线质量检测系统(SPC)、生产控制中心管理决策系统等关键核心智能装置,实现了对制造资源的跟踪,对生产过程的监控以及计划、物流、质量集成化管控下的均衡化混流生产。

6.3　守好科技创新的伦理之门

工程和工程师在当代社会的重要地位日益凸显。起源于二十世纪七八十年代的工程伦理研究现已在发达国家备受关注,并成为科技哲学界的国际性热门话题。目前,中国是全球首屈一指的工程教育大国已成为无可争辩的事实,因此,加强工程伦理教育,不仅有利于培养学生的工程伦理意识和责任感,而且对

掌握工程理论基本规范、提升工程理论的决策能力,推进社会和谐发展都具有重要意义。

6.3.1 专家论"工程"与"创新"

1) 科学、技术、工程与创新

陈清泉院士认为,科学是以发现为核心,科学是对自然本质及其运行规律的探索、发现和揭示,并将其归纳为真理,科学家的探索往往是出于好奇心,并没有明确的实用目的。技术是以发明为核心,技术是改善人类社会生活的手段,可以是方法、装置、工具、仪器仪表、过程。技术讲求的是技巧。工程则是集成科学和技术解决实际问题,因此工程是利用科学原理和技术在一定边界条件下进行集成优化和综合优化,有目的地完成设计、构建、运行等项目。创新则是使新的技术被市场接受,创造价值。因此,创新就是把新技术工程化和商业化。

从广义上讲,创新是一个多元性的概念,具有内在动态性,其内涵和性质在不断演变。创新除了技术创新,还可包括产品创新、流程创新、商业模式创新、管理创新、制度创新、服务创新等,其核心是有新的内涵及创造价值。工程的特征是系统性、复杂性、交叉性和综合性。工程哲学的核心就是要深刻理解科学、技术、工程和创新的相互联系和特征。工程哲学的灵魂就是理论联系实际,集成优化和研学产结合。

当工程过程中使用数学方法时,工程师所遇到问题的复杂性超过了数学方法本身。在工程中,很难直接使用数学推理,因为工程中包含了不同因素,例如成本、安全、审美及其他技术因素。所以,为了解决这些问题,工程师需要在问题和范例中找到相似性。他们必须从其他问题中吸收经验应用到现在所面对的问题上,这要具有很强的判断相似性和非相似性的能力。

2) 对工程维度的认识与理解

工程不是单纯地将科学与技术简单堆砌与拼凑,而是科学、技术、经济、管理、社会、文化、环境等多要素的集成、选择和优化。工程活动的复杂性体现在工程活动要遵循社会道德伦理、公正公平准则,促进人与自然、人与社会协调可持续发展。因此,从多视角理解工程意义重大。

(1)哲学维度。比如理解工程的本质是什么,工程的价值、工程师及其相关人员的责任在哪里,就是从工程的哲学维度理解工程的。工程师对工程哲学维度的思考就是反思自身的社会责任和使命担当。

(2)技术维度。在科技不断发展的今天,越是复杂的工程活动就越依赖技术的进步。事实上,许多优质的工程都得益于重大技术突破、先进技术的集成应用,或通过工程活动,创造新的技术与方法。

(3)经济维度。工程活动的目的在于创造经济价值和社会价值。因此,对于一项工程来说,具有重要的经济价值往往是表征其意义的重要指标。同时,从国家社会发展、生态环境保护等多方面因素来综合考虑工程的价值也是当今工程师的迫切任务。

(4)管理维度。现代工程的特点是技术领域交叉、参与者众多、协调要求高,因此,对工程的管理难度大。开展一项工程,需要根据具体的工程对其不同环节和时间节点进行高效协同,不断创新管理模式和管理方法,同时,从理论上加以提炼和总结,形成管理理论、方法、技巧和经验。

(5)社会维度。工程的参与者来自投资者、管理者、工程师、技术工人以及受到工程影响的社会公众等,他们所担当的角色不同,追求不同,利益也不同,因此,如何处理这些参与者的社会关系、利益关系,探索并遵循共同的职业准则和行为规范,是我们必须要考虑的重要问题。

(6)生态维度。"绿水青山就是金山银山"是时任浙江省委书记的习近平同志于 2005 年 8 月在浙江湖州安吉考察时提出的科学论断。如何处理人与自然的关系,实现和谐共生,是工程生态维度关注的问题。人类要高度重视工程实践对自然环境和生态平衡带来的不可还原、不可逆转的重要影响。

(7)伦理维度。中国科学院专家指出工程活动不能缺失伦理维度。工程的伦理维度要求人们探讨的是如何"正当地行事",这不仅是理论问题也是实践问题。爱因斯坦曾说过,科学是一种强有力的工具,如何用好它,不取决于工具,而取决于人。因此,工程实践中要守好伦理之门。

6.3.2 科技创新与工程伦理

1)工程活动中的人机冲突

随着科学技术的飞速发展,世界科技领域伦理争议和伦理事件时有发生,这引发了社会各界的密切关注。北京协和医学院人文和社会科学学院教授翟晓梅认为,一项新技术刚出来时,经常会面临来自伦理学界的质疑声。从伦理学视角对新技术进行讨论时,通常有两个维度,一是技术的安全性问题,二是根本性的道德立场问题。

(1)人机冲突示例。2018 年 11 月,有研究员宣布一对基因编辑婴儿诞生,这一事件引发广泛关注。针对这一事件,中国工程院发表声明指出,该事件严重

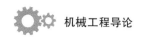

违背了基本伦理规范和科学道德。许多科学家也对这一事件表示坚决反对和强烈谴责。

（2）智能时代的人机冲突。2019年8月17日，北京互联网法院发布《互联网技术司法应用白皮书》，阐述了十大典型技术应用，其中包括人脸识别技术。人脸识别技术是通过计算机分析比较人的脸部特征，达到识别人脸身份的目的。人脸识别是一项热门的计算机技术研究领域，包括人脸追踪侦测、自动调整影像放大、夜间红外侦测、自动调整曝光强度等技术。

（3）人机冲突的动力来源。管理科学中有一种方法称为效率管理，它强调要以一切可行的效率标准来统一人们的思想，指导人们的行动，把效率作为管理活动的宗旨，放在工作的中心和突出位置，这种思想是效率管理的精髓所在。因此，对于效率的诱惑，人类总是难以拒绝，正如莱昂哈德所警示的，我们终将被一个巨大的机器操作系统支配，这个操作系统不断地自我学习，并把输出反馈给我们，直到它不再需要我们贡献的输入。届时，我们的价值将低于我们创造和训练的技术。这方面最典型的是人们津津乐道并抱以巨大期待的脑机连接技术，人与机器之间的正负反馈可能导致无法辨认谁是系统真正的主体，将会产生更多法律伦理以及社会治理问题。从经济学的角度看，由于强大的负外部性，伦理问题已经成为智能时代最严重的一个"公地悲剧"。

（4）人机冲突的矛盾化解。面对这一状况（人机冲突或人文危机），除了需要组建适应智能时代的伦理委员会等组织，比如，我国已于2019年7月正式组建了国家科技伦理委员会，还应该考虑或研究如何让道德融入智能化技术的开发与发展过程中，保持或超越技术的进化。也就是莱昂哈德在书中所说的，必须考虑所有指数型技术（包括人工智能、生物工程、认知运算，尤其是人类基因编辑）应具备的伦理准则。

近几年，因互联网而产生的新概念层出不穷，如2103年的O2O电子商务模式、2016年的互联网＋、2017年的共享经济、2018年的新零售、2019年的区块链等等。在这变幻莫测的世界里，如何把握什么是永恒不变，什么是必须要改变的。听听亚马逊网络购物中心缔造者贝索斯所言，要把资源全部投入到未来十年不变的趋势上，也就是说我们需要注重不变的地方。人性亘古不变，伦理作为人类长期进化来的一种管理人性的机制，如何在人机冲突中演进，以解决这些重大问题，需要对人性和伦理学本身进行探究。因此，智能时代的人机冲突或人文危机就是伦理学所承载的关于人类命运的新使命。

2）科技创新与工程伦理

工程伦理的概念及界定。工程伦理指在工程中获得辩护的道德价值。自20 世纪 70 年代起,工程伦理学在美国等一些发达国家开始兴起。经历了 20 世纪的最后的 20 年,工程伦理学的教学和研究逐渐走入建制化阶段。在英文中,ethics 既可译成"伦理学",又可译成"伦理"。工程伦理(学)可以有两种表述:engineering ethics 和 ethics in engineering,美国最为流行的两本教科书的书名就分别使用这两个术语。

目前,大多数学者认为,对工程伦理的理解应从两个方面把握,一是从科学和技术的角度看工程,二是从职业和职业活动的角度看工程。第一个视角容易导致还原论,将工程作为技术的一个应用部分,而不是作为一种有其自身特征的相对独立的社会实践行为。在这种视野下,工程伦理也就被消融为技术伦理,因而也就没有独立存在的必要。例如,在 20 世纪 80 年代的美国学术界就曾经流行这种观点。第二种视角又容易将工程伦理与其他职业伦理混为一谈,从而抹杀了科学技术在工程职业中的特殊地位。这种视野容易将工程伦理仅仅归结为工程师的职业伦理,而忽略了工程活动的伦理维度。虽然本文倾向从第二个视角来理解工程,但我们又应将工程职业活动视作一种社会实践活动。

6.3.3　守好行业新技术研发的伦理之门

1）船舶与海洋工程涉及的伦理问题

（1）安全。海洋环境复杂多变,海洋工程常要承受台风(飓风)、波浪、潮汐、海流、冰凌等的强烈作用,在浅海水域还要受复杂地形以及岸滩演变、泥沙运移的影响。温度、地震、辐射、电磁、腐蚀、生物附着等海洋环境因素也对某些海洋工程有影响。因此,对建筑物和结构物的外力进行分析时须考虑各种动力因素的随机特性,在结构计算中考虑动态问题,在基础设计中考虑周期性的荷载作用和土壤的不定性,在材料选择上考虑经济耐用等,这些都是十分必要的。海洋工程耗资巨大,事故后果严重,对其安全性进行严格论证和检验是必不可少的。

海洋资源的开发、海洋的空间利用,以及工程设施的大量兴建会给海洋环境带来种种影响,如岸滩演变、水域污染、生态平衡恶化等,对这些问题都必须给予足够的重视。除进行预报分析研究和加强现场监测外,还要采取各种预防和改善措施。

（2）环境保护。国家海洋局 2013 年 10 月下发《关于进一步加强海洋工程建设项目和区域建设用海规划环境保护有关工作的通知》,要求海洋工程建设项目必须在海洋环境影响报告书中明确实现零污染的有效措施,否则将一律不予核准。据介绍,该通知要求各级海洋部门认真审查海洋工程建设项目环境影响报告书,不得将项目化整为零,不得越权审批。海洋工程建设项目必须符合海洋功能区划,不符合海洋工程区划关于海洋环境保护要求的一律不予核准。海洋工程建设单位应当采取有效措施,做好污染物处置工作,实现建设项目零污染。对于各类开发区内需要新建项目的,应当对原有污染源进行治理,做到增产不增污。通知同时提出,要严格审查区域建设用海规划中的环境影响专题篇章。通过区域建设用海规划实施整体开发的开发区,应当对区域内的排海污染物进行集中收集处理,杜绝直接排放入海。环境影响专题篇章中应当明确区域污染物排放总量削减规划和实施方案,明确污染物减排数量、目标、时间表以及污染物减排责任,确保实现污染物减排目标。国家海洋局对未实现区域污染物减排目标的地区,将建立实施海洋工程限批制度。

2)工程与科技的伦理责任与行为规范

当前,科技进步带来的伦理争议和伦理事件时有发生。工程伦理主要涉及职业伦理、世界伦理与国家利益、相关公约与法律约束等基本问题。

(1)工程师职业伦理。

工程中的职业伦理包括工程师的职业制度、职业美德、职业权利与义务、保密责任等。这些内容在本书第2章已详述,这里不再重复。

(2)世界伦理与国家利益。

不同宗教和文化传统有着共同接受的基本伦理准则和共识,世界伦理是指对全生态世界观、存在是爱人生观、共同幸福价值观的集中认知,在德性、理性、实用精神的共同推动下,实现人类共同体的人格文明、生态文明、产业文明的上升,服务和谐、幸福、圆满的世界。世界伦理观以宗教对话、政党对话、民族对话促进彼此间的认识与和平;以多元文化的对话促进世界的和平;以世界伦理滋养人类生存。世界伦理的具体定义是人类学家张荣寰在2007年5月提出来的,他从依据、基石、根源等不同方面阐述了世界伦理的作用和意义,为多元文化对话、社会伦理发展提供了参照和引导。

世界伦理的依据是人的本质论,世界伦理的基石是人的认知逻辑论。人格质量的提升和实证真理的精神是用全球伦理观构建世界伦理认知体系,并作为构筑成国民教育、生态文明教育、社会伦理、新文化的基石。将世界伦理放在人类社会认知与实践的前提是提升各民族、各语言、各宗派、各国家的道德水平,同时要相互认同,用不一样的认识来反省自己,勇于自我批判,加强教育共识,以博爱、慈悲、大爱来相互肯定。

（3）相关公约与法律约束。

① 海洋环境保护相关国际公约。随着沿海经济的快速发展以及国际海洋事务的变化，特别是我国被相继批准加入了一些国际公约，如《联合国海洋法公约》，我国在国际海洋事务中享有的权利以及履行的义务也发生了变化。

二十世纪五六十年代，将陆地上的废弃物倒入海中是一种很普遍的废物处理方法。这些废弃物包括放射性物质、军用物资、变质食物、生活垃圾和工业废料等，它们含有各种污染物，其中有些物质还有剧毒，为此，国际社会于 1972 年在伦敦签署《防止倾倒废弃物和其他物质污染海洋公约》（简称《伦敦公约》）。

《伦敦公约》把废弃物分为三类，包括毒害最大废物、毒害较大废物和其他废物。对于毒害最大的废物，如高能放射性物质、汞、镉、铀、塑料等，应禁止倾倒；对于毒害较大的废物，如砷、铅、铜、锌等，其倾倒应事先获得特别许可证；对于其他废物，其倾倒需要事先获得一般许可证。《伦敦公约》还规定了缔约国当局在签发特别和一般许可证时应考虑的因素，其中包括废物的特征和成分，倾倒场地的选划，处理方法和倾倒可能产生的影响。

1979 年《海上焚烧废物及其他物质管理条例》对海上焚烧废物做了严格规定。1996 年议定书增加了有关向海洋倾倒必须有允许倾倒的废弃物名录的规定。我国于 1985 年加入《伦敦公约》，也加入 1996 年的议定书，对此，《中华人民共和国海洋环境保护法（2013 年修订）》在第七章防治倾倒废弃物对海洋的污染损害中增加了详细规定，严格规范国内的单位和个人向海洋倾倒废物的行为。

1982 年签署的《联合国海洋法公约》于 1994 年底生效，是当今国际社会最详尽和最有权威的海洋行为规则。该公约应用最普遍，大大突破了传统海域的概念，把国家管辖的海域扩大了很多，致使 3.61 亿平方公里的海洋表面中 1.09 亿平方公里海域被划归沿海国管辖，占到海洋面积的 30.3%。

②《中华人民共和国海洋环境保护法》是为了保护和改善海洋环境、保护海洋资源、防治污染损害、维护生态平衡、保障人体健康以及促进经济和社会的可持续发展而制定的法律。该法于 1982 年 8 月 23 日在第五届全国人民代表大会常务委员会第二十四次会议上通过，1999 年 12 月 25 日第九届全国人民代表大会常务委员会第十三次会议对其进行修订，根据 2013 年 12 月 28 日第十二届全国人民代表大会常务委员会第六次会议《关于修改〈中华人民共和国海洋环境保护法〉等七部法律的决定》第一次修正，根据 2016 年 11 月 7 日第十二届全国人民代表大会常务委员会第二十四次会议《关于修改〈中华人民共和国海洋环境保

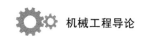

护法〉的决定》第二次修正,根据 2017 年 11 月 4 日第十二届全国人民代表大会常务委员会第三十次会议《关于修改〈中华人民共和国会计法〉等十一部法律的决定》第三次修正。

3)科技伦理问题的应对措施

(1)建立有效的管理体制。全国人大常委会于 2019 年 7 月 10 日就生物安全法立法召开座谈会听取立法意见和建议。会议透露,我国预计制定一部体现中国特色、反映新时代要求的生物安全法,用法律划定生物技术发展的边界,保障和促进生物技术健康发展。通过立法,引导和规范人类生物技术的研究应用走正确之路,防止和减少可能出现的危害和损失;通过立法,建立一套行之有效的管理体制和机制,充分调动各方面力量,明确各方面责任,构建严密的国家生物安全体系;以法律制度的形式鼓励自主创新的产业政策和科技政策固定下来,保障生物安全基础设施先进完善,提升国家生物安全能力建设。

(2)专家谈科技伦理问题的应对和防范措施。北京大学生命科学学院教授昌增益指出,科学成果的评价需要时间来验证。当一项重要的科学发现公布后,我们不应该立刻下结论,而是要过一段时间再来评价。同时,科技伦理问题和科研诚信问题也不应该混为一谈。因为科技伦理属于共识问题,随着人们对一项技术的认识逐步加深,观点也会有所改变。而科研诚信则属于科技工作者的职业道德问题,应该有明确的规范和行业准则来约束。

6.3.4 应对新经济挑战的工程人才培养新举措

1)"新工科"建设计划

高等教育发展水平是一个国家发展水平和发展潜力的重要标志。2016 年 12 月 7 日,全国高校思想政治会议在北京召开,习近平总书记在会上指出,我们对高等教育的需要比以往任何时候都更加迫切,对科学知识和卓越人才的渴求比以往任何时候都更加强烈。国家正在实施的智能制造等创新驱动发展战略急需具有数字化思维和跨界整合能力的"新工科"人才。

为主动应对新一轮科技革命与产业变革,支撑服务创新驱动发展、"中国制造 2025"等一系列国家战略,2017 年 2 月以来,教育部积极推进新工科建设,先后形成了"复旦共识""天大行动"和"北京指南",并发布了《关于开展新工科研究与实践的通知》《关于推荐新工科研究与实践项目的通知》,全力探索形成领跑全球工程教育的中国模式、中国经验,助力高等教育强国建设。

2017 年 2 月 20 日,教育部发布了《关于开展新工科研究与实践的通知》(教高司函〔2017〕6 号）。该通知明确新工科研究和实践要围绕工程教育改革的五个"新"来开展"新工科"建设工作，包括树立工程教育新理念、构建学科专业新结构、探索人才培养新模式、打造教育教学新质量和建立分类发展新体系。

2）"新工科"建设"三部曲"

2017 年 2 月 18 日，教育部在复旦大学召开了高等工程教育发展战略研讨会，与会高校对新时期工程人才培养进行了热烈讨论，共同探讨了新工科的内涵特征、新工科建设与发展的路径选择，达成了"我国高等工程教育改革发展已经站在新的历史起点""世界高等工程教育面临新机遇、新挑战"等 10 项共识（称为"复旦共识"）。

2017 年 4 月 8 日，天津大学召开新工科建设研讨会，60 余所高校共商新工科建设的愿景与行动，与会代表一致认为，培养造就一大批多样化、创新型卓越工程科技人才，为我国产业发展和国际竞争提供智力和人才支撑，既是当务之急，也是长远之策。大会形成三大建设目标和七项行动（称为"天大行动"）。

三大建设目标：到 2020 年，探索形成新工科建设模式，主动适应新技术、新产业、新经济发展；到 2030 年，形成中国特色、世界一流工程教育体系，有力支撑国家创新发展；到 2050 年，形成领跑全球工程教育的中国模式，建成工程教育强国，成为世界工程创新中心和人才高地，为实现中华民族伟大复兴的中国梦奠定坚实基础。

"新工科"建设规划了"七项行动"，包括探索建立工科发展新范式；问产业需求建专业，构建工科专业新结构；问技术发展改内容，更新工程人才知识体系；问学生志趣变方法，创新工程教育方式与手段；问学校主体推改革，探索新工科自主发展、自我激励机制；问内外资源创条件，打造工程教育开放融合新生态；问国际前沿立标准，增强工程教育国际竞争力。

2017 年 6 月 9 日，"新工科"研究与实践专家组成立暨第一次工作会议在北京召开，审议通过《新工科研究与实践项目指南》，全面启动、系统部署新工科建设（称为"北京指南"）。

"复旦共识""天大行动"和"北京指南"构成了新工科建设的"三部曲"，奏响了人才培养主旋律，开拓了工程教育改革新路径。

3）推进"四个回归"，建设高水平本科教育和人才培养模式

（1）坚持"以本为本"，推进"四个回归"。2018 年 6 月 21 日，新时代全国高等学校本科教育工作会议在四川成都召开，会议强调，要深入学习贯彻习近平新时代中国特色社会主义思想和党的十九大精神，全面贯彻落实习近平总书记在北京

大学师生座谈会上重要讲话精神,坚持"以本为本",推进"四个回归",加快建设高水平本科教育,全面提高人才培养能力,造就堪当民族复兴大任的时代新人。

教育部党组书记、部长陈宝生在会议上提出,坚持"以本为本",推进"四个回归",建设中国特色、世界水平的一流本科教育。"人才培养为本,本科教育是根",要求高等学校真正在立德树人上做出实效,担当起国家和时代赋予的使命,写出新时代教育强国的奋进之笔,真正让中国大学在世界新一轮高等教育竞争中闯出地位、拥有话语权。

要推进"四个回归"就是要把人才培养的质量和效果作为检验一切工作的根本标准。"四个回归"的具体内涵如下:

一是回归常识。要围绕学生刻苦读书来办教育,引导学生求真学问、练真本领。对大学生要合理"增负",真正把内涵建设、质量提升体现在每一个学生的学习成果上。

二是回归本分。要引导教师热爱教学、倾心教学、研究教学,潜心教书育人。坚持以师德师风作为教师素质评价的第一标准,在教师专业技术职务晋升中实行本科教学工作考评一票否决制。

三是回归初心。要坚持正确政治方向,促进专业知识教育与思想政治教育相结合,用知识体系教、价值体系育、创新体系做,倾心培养建设者和接班人。

四是回归梦想。要推动办学理念创新、组织创新、管理创新和制度创新,倾力实现教育报国、教育强国梦。

(2) 实施一流本科专业建设"双万计划"。为深入贯彻习近平新时代中国特色社会主义思想和党的十九大精神,全面贯彻落实全国教育大会精神,2018年教育部印发《关于加快建设高水平本科教育 全面提高人才培养能力的意见》(教高〔2018〕2号)(简称"新时代高教40条")等文件,决定实施"六卓越一拔尖"计划2.0等重大项目。围绕"扩围、拓新、提质",建设一批"一流本科、一流专业、一流人才"示范引领基地,努力培养一大批可引领未来发展的各类卓越人才。"六卓越一拔尖"计划如图6-20所示。

在此背景下,2018年6月,教育部在成都召开新闻发布会,教育部高等教育司司长吴岩指出,下一步,教育部将实施一流专业建设"双万计划"。2019年4月9日,教育部办公厅正式发布《关于实施一流本科专业建设"双万计划"的通知》,计划2019—2021年,建设10000个左右国家级一流本科专业点和10000个左右省级一流本科专业点,引导高校回归育人本质。"基础学科拔尖学生培养计划2.0"版中新增基础文科、基础医学;"卓越计划2.0"版新增卓越经济人才教育

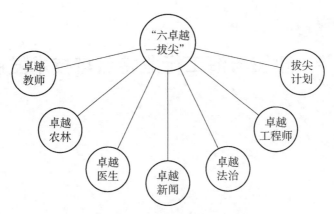

图 6 - 20　"六卓越一拔尖"计划

培养计划,力争在文、理、法、工、农、医、教等重点领域形成全局性的改革成果。

（3）一流课程"双万计划"建设。教育部高等教育可在 2019 年工作要点中提出实施一流课程建设"双万计划"就是"金课建设"计划,即建设 10 000 门左右国家级一流课程和 10 000 门左右省级一流课程。

2018 年 8 月,教育部专门印发了《关于狠抓新时代全国高等学校本科教育工作会议精神落实的通知》(教高函〔2018〕8 号),提出"各高校要全面梳理各门课程的教学内容,淘汰'水课'、打造'金课',合理提升学业挑战度、增加课程难度、拓展课程深度,切实提高课程教学质量"。这是教育部文件中第一次正式使用"金课"这个概念。整顿高等学校的教学秩序,"淘汰水课、打造金课"首次正式写入教育部的文件。

对于什么是"金课",吴岩司长提出了"两性一度"的金课标准。"两性一度"指高阶性、创新性、挑战度。所谓"高阶性",就是知识能力素质的有机融合,是要培养学生解决复杂问题的综合能力和高级思维。所谓"创新性",是课程内容反映前沿性和时代性,教学形式呈现先进性和互动性,学习结果具有探究性和个性化。所谓"挑战度",是指课程有一定难度,需要跳一跳才能够得着,对老师备课和学生课下有较高要求。相反,"水课"是低阶、陈旧和不用心的课。

对于打造什么样的"金课",吴岩司长提出了建设五大"金课"目标,包括线下"金课"、线上"金课"、线上线下混合式"金课"、虚拟仿真"金课"和社会实践"金课"。打造"金课"要充分重视课堂教学这一主阵地,努力营造课堂教学热烈氛围。要合理运用现代信息技术手段,要抓好虚拟仿真实验实训项目建设,开辟"智能教育"新途径。

附 录　船舶与海工行业特点与技术发展趋势

1）船舶及其行业特点

（1）船舶。船舶（boats and ships）是各种船只的总称。船舶（见附图1）是能航行或停泊于水域进行运输或作业的交通工具，按不同的使用要求而具有不同的技术性能、装备和结构。船舶是一种主要在地理水中运行的人造交通工具。另外，民用船一般称为船，军用船称为舰，小型船称为艇或舟，其总称为舰船或船艇。船舶内部主要包括容纳空间、支撑结构和排水结构，利用外在或自带能源的推进系统运行。船舶的外形一般是利于克服流体阻力的流线性包络，材料随着科技进步不断更新，早期为木、竹、麻等天然材料，近代多是钢材以及铝、玻璃纤维、亚克力和各种复合材料。

附图1　船舶

（2）船舶构成。船舶由许多部分构成，按各部分的作用和用途，可综合归纳为船体、船舶动力装置、船舶舾装等三大部分。其中，船体是船舶的基本部分，可分为主体部分和上层建筑部分。主体部分一般指上甲板以下的部分，它是由船壳(船底及船侧)和上甲板围成的具有特定形状的空心体,是保证船舶具有所需浮力、航海性能和船体强度的关键部分。船体一般用于布置动力装置、装载货物、储存燃油和淡水,以及布置其他各种舱室。

船舶动力装置:推进装置,即主机减速装置、传动轴系以及驱动推进器(螺旋桨是主要的型式);为推进装置运行服务的辅助机械设备和系统,如燃油泵、滑油泵、冷却水水泵、加热器、过滤器、冷却器等;船舶电站,为船舶的甲板机械、机舱内的辅助机械和船上照明等提供电力;其他辅助机械和设备,如锅炉、压气机、船舶各系统的泵、起重机械设备、维修机床等。通常把主机(及锅炉)以外的机械统称为辅机。

船舶舾装包括舱室内装结构(内壁、天花板、地板等)、家具和生活设施(炊事、卫生等)、涂装和油漆、门窗、梯和栏杆、桅杆、舱口盖等。

船舶的其他装置和设备中,除推进装置外,还有锚设备与系泊设备,舵设备与操舵装置,救生设备,消防设备,船内外通信设备,照明设备,信号设备,导航设备,起货设备,通风、空调和冷藏设备,海水和生活用淡水系统,压载水系统,液体舱的测深系统和透气系统,舱底水疏干系统,船舶电气设备,其他特殊设备(依船舶的特殊需要而定)。

(3) 船舶分类。船舶的分类方法有很多,可按用途、航行状态、船体数目、推进动力、推进器等分类。

按用途,船舶一般分为军用和民用船舶两大类。军用船舶通常称为舰艇或军舰,其中有直接作战能力或海域防护能力的称为战斗舰艇,如航空母舰、驱逐舰、护卫舰、导弹艇和潜艇,以及布雷、扫雷舰艇等。担负后勤保障的船舶称为军用辅助舰艇。民用船舶一般又分为运输船、工程船、渔船、港务船等。

船舶按航行状态通常可分为排水型船舶、滑行艇、水翼艇和气垫船;按船舶的船体数目可分为单体船和多体船,在多体船型中双体船较为多见;按推进动力可分为机动船和非机动船,机动船按推进主机的类型又分为蒸汽机船(现已淘汰)、汽轮机船、柴油机船、燃气轮机船、联合动力装置船、电力推进船、核动力船等;按船舶推进器又可分为空气螺旋桨船、喷水推进船、喷气推进船、明轮船、平旋轮船等,空气螺旋桨只用于少数气垫船;按机舱的位置,有尾机型船(机舱在船的尾部),中机型船和中尾机型船;按船体结构材料,有钢船、铝合金船、木船、钢丝网水泥船、玻璃钢艇、橡皮艇、混合结构船等。

(4) 船舶主要技术特征与性能。

a. 技术特征。船舶的主要技术特征有船舶排水量、船舶主尺度、船体系数、

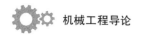
舱容(指货舱、燃油舱、水舱等的体积,它从容纳能力方面表征船舶的装载能力和续航能力,影响船舶的营运能力)、登记吨位、船体型线图、船舶总布置图、船体结构图、主要技术装备的规格等。根据阿基米德原理,船体水线以下所排开水的重量,即船舶的浮力,应等于船舶总重量。船的自重等于空船排水量。船的自重加上装到船上的各种载荷的重量的总和(载重量)是变化的,等于船的总重量。

b. 技术性能。

浮性：指船在各种装载情况下,能浮于水中并保持一定的首尾吃水和干舷的能力。根据船舶重力和浮力的平衡条件,船舶的浮性关系到装载能力和航行的安全。

稳性：指船受外力作用离开平衡位置而倾斜,当外力消失后,船能回复到原平衡位置的能力。一般水面船舶的稳性主要是指横倾时的稳性。船宽、水线面系数、干舷、重心高度、水面以上的侧面积大小和高度,以及船体开口密封性的好坏等是影响船舶稳性的主要因素。

抗沉性：指船体水下部分如发生破损,船舱淹水后仍能浮而不沉和不倾覆的能力。中国宋代造船时就首先发明了用水密隔舱来保证船舶的抗沉性。船舶主体部分水密分舱的合理性、分舱甲板的干舷值和完整船舶稳性的好坏等是影响抗沉性的主要因素。

快速性：表征船在静水中直线航行速度与其所需主机功率之间关系的性能。它是船舶的一项重要技术指标,对船舶使用效果和营运开支影响较大。船舶快速性涉及船舶阻力和船舶推进两个方面。合理地选择船舶主尺度、船体系数(尤其是方形系数和棱形系数)和线型是降低船舶阻力的关键。

耐波性：指船舶在波浪中的摇荡程度、失速和甲板溅浸(上浪、溅水)程度等。耐波性不仅影响船上乘员的舒适性和安全性,还影响船舶的安全和营运效益等,因而日益受到重视。

船在波浪中的运动有横摇、纵摇、首尾摇、垂荡(升沉)、横荡和纵荡六种。几种运动同时存在时便形成耦合运动,其中影响较大的是横摇、纵摇和垂荡。溅浸性主要是由于纵摇和垂荡所造成的船体与海浪的相对运动,增加干舷特别是首部干舷、加大首部水上部分的外飘是改善船舶溅浸性的有效措施。

操纵性：指船舶能按照驾驶者的操纵保持或改变航速、航向或位置的性能,主要包括航向稳性和回转性两个方面,是保证船舶航行中少操舵、保持最短航程、靠离码头灵活方便和避让及时的重要环节,关系到船舶航行安全和营运经济性。

经济性： 指船舶投资效益的大小。它是促进新船型的开发研究、改善航运经营管理和造船工业发展的最活跃因素，日益受到人们重视。船舶经济性属船舶工程经济学研究的内容，它涉及使用效能、建造经济性、营运经济和投资效果等指标。

（5）船舶行业特点。

a. 产业关联性强。船舶行业是国民经济中的重要组成部分，它不仅为海洋资源的开发提供了装备，也为世界贸易提供了必需的平台。船舶行业是一个庞大的社会系统工程，它所处的产业链上游包括各种原材料厂商、机械电子供应商、设计服务机构、配套产品提供商等，下游包括航运业、修理服务业和休闲娱乐业等，它可以极大地促进与之相关各个产业的发展。由于船舶行业的产业关联性强，能够快速带动地方经济的发展，在中央的《船舶工业调整振兴规划》出台后，产业基础较好的地区和省份纷纷根据自身发展条件制定相关发展规划。

b. 资本投入大、技术要求高、劳动力密集。船舶行业与飞机制造业类似，需要大量的初始投入，如厂址位置和面积要求较严格、固定资产的投入大、船坞的建设要求高，同时也需要大量的基础产业配套，如修船业和配套设备制造业等。同时，船舶行业涉及的技术环节多，流程和工艺相当复杂，不管是初始图纸的设计，还是工艺的选用和专用机械的操作，都有很高的技术要求。另外，船舶产品结构复杂、重复作业比例低，较难采用流水线或专用工装设备生产，主要靠人工，需要大量的技术工人同时作业，对工人的专业素质要求也较高，属于劳动密集型产业。一般来讲，一个大型造修船基地的建造可以提供上万个就业岗位。

c. 单件小批量生产，制造周期长。由于船舶具有体积庞大、结构复杂、耗材繁多、系统精密、价格昂贵等特点，船舶行业一般都是单件小批量生产，而且制造周期较长。受到早期建造技术落后的影响，17 万吨散货船从进坞到交船平均周期为半年左右，7.6 万吨成品油船建造周期为 385 天左右，4 250TEU 集装箱船建造周期为 320 天左右。一般来讲，船东一次订购大型客货船的数量比较少，而且在航运市场较旺的时候，才会连续订购。目前，随着现代造船模式的发展和制造技术的进步，造船周期已大大缩短。

d. 周期性特征明显。由于造船的时间跨度较大，使得下游航运业的运力增减无法根据市场需求灵活地做出调整。航运业主要承担大宗商品在全球范围内的流通，而大宗商品的供需状况与宏观经济的走势密切相关。因此，产业链上下游之间的传导机制使得造船行业具有明显的周期性特征。正是由于制造周期长，船舶行业对经济波动的反应一般都会滞后一两年。因此，往往会出现这种情况,航运市场兴旺时下的订单,到船舶交货时市场已经变得惨淡,船舶行业容易遭到退单风险。所以,随着自身及下游航运业的金融属性加强,造船业的周期性波动更加剧烈。

e. 管理难度大。船舶企业的管理涉及设计管理、成本管理、材料管理、零件管理、生产现场管理、人员管理等各个环节,管理难度较大。船舶企业一般难以在产品技术资料全部准备齐全后才开始生产,而是边设计、边生产、边修改,而且产品各部件之间的时序约束关系和成套性要求严格,一个环节的生产出了问题,就会影响项目整体的进度。这就要求企业具备较高的管理水平和管理强度,同时也需要对整个造船流程和技术都很熟悉的高级管理人才。

f. 高负债率。船舶行业的高负债率是由其行业本身的特点决定的,首先是船舶建造,往往在签订合同时就要求船东交纳一定的预付款,在船舶建造的过程中也要按照一定的比例进行分期付款,船厂预收的这些款项就形成了对船东的流动负债,另外,船企在造船过程中需要垫付大量流动资金,这些流动资金一部分需要自筹,一部分要来自银行贷款,这些贷款也形成了负债。

2) 海洋工程装备及其行业特点

(1) 海洋工程。海洋工程(ocean engineering)是指以开发、利用、保护、恢复海洋资源为目的,并且工程主体位于海岸线向海一侧的新建、改建、扩建工程。一般认为,海洋工程的主要内容可分为资源开发技术与装备设施技术两大部分,具体包括围填海、海上堤坝工程,人工岛、海上和海底物资储藏设施、跨海桥梁、海底隧道工程,海底管道、海底电(光)缆工程,海洋矿产资源勘探开发及其附属工程,海上潮汐电站、波浪电站、温差电站等海洋能源开发利用工程,大型海水养殖场、人工鱼礁工程,盐田、海水淡化等海水综合利用工程,海上娱乐及运动、景观开发工程,以及国家海洋主管部门会同国务院环境保护主管部门规定的其他海洋工程。

海洋开发利用的内容主要包括海洋资源开发(生物资源、矿产资源、海水资源等)、海洋空间利用(沿海滩涂利用、海洋运输、海上机场、海上工厂、海底隧道、海底军事基地等)、海洋能利用(潮汐发电、波浪发电、温差发电等)、海岸防护、海洋建设及勘测等。

(2) 海洋工程分类。海洋工程可分为海岸工程、近海工程和深海工程等三类。海岸工程(coastal engineering)自古以来就很受重视,主要包括海岸防护工程、围海工程、海港工程、河口治理工程、海上疏浚工程、沿海渔业设施工程、环境保护设施工程等。近海工程(offshore engineering)又称离岸工程,20世纪中叶以来发展很快,主要是大陆架较浅水域的海上平台、人工岛等的建设工程和大陆架较深水域的建设工程,如浮船式平台、移动半潜平台(mobile semi-submersible unit)、自升式平台(self-elevating unit)、石油和天然气勘探开采平台、浮式贮油库、浮式炼油厂、浮式飞机场等项建设工程。深海工程(deep-water offshore engineering)包括无人深潜的潜水器和遥控的海底采矿设施等建设工程。

由于海洋环境复杂,海洋工程除考虑海水条件的腐蚀、海洋生物的污着等作用外,还必须能承受地震、台风、海浪、潮汐、海流和冰凌等强烈的自然因素,在浅海区还要经受岸滩演变和泥沙运移等影响。

(3)结构形式。海洋工程的结构形式有很多,常用的有重力式建筑物、透空式建筑物和浮式结构物。重力式建筑物适用于海岸带及近岸浅海水域,如海提、护岸、码头、防波堤、人工岛等,以土、石、混凝土等材料筑成斜坡式、直墙式或混成式的结构。透空式建筑物适用于软土地基的浅海,也可用于水深较大的水域,如高桩码头、岛式码头、浅海海上平台等。其中海上平台用钢材、钢筋混凝土等建成,可以是固定式的,也可以是活动式的。浮式结构物主要适用于水深较大的大陆架海域,如钻井船、浮船式平台、半潜式平台等,可以用作石油和天然气勘探开采平台、浮式贮油库和炼油厂、浮式电站、浮式飞机场、浮式海水淡化装置等。除上述三种类型外,近十多年来还在发展无人深潜水器,用于遥控海底采矿的生产系统。

(4)行业特点。海洋工程行业具有产品要求可靠性高,技术门槛高,资本密集程度高等特点。目前,中国海工产品研发仍处于整个高端产业链的低端环节。从海工产业分层来看,由上自下依次是金融企业、配套服务企业、核心设备企业以及船厂企业。中国海工行业里多数是造船厂,接触海洋工程金融和服务的不多。

(5)海洋工程装备。目前,国际海洋工程装备市场年需求量约为400亿到500亿美元。而未来5~10年内海洋油气开发的年均投资总量将会达到500亿美元的水平,这将与世界船舶市场的投资规模大体相当。随着海洋油气开发向深水进军,市场规模还将扩大。如果海工装备制造业能占其中20%以上的市场份额,再加上海工配套方面的产值,海工装备就能成为一个产值达千亿美元的新兴产业。

海工装备产业链主要包括三大环节:装备设计、装备总装建造和配套设备。在价值分布方面,装备设计约占5%,装备总装建造约占40%,而配套设备占比

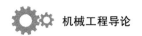

高达 55%。目前,我国海洋工程装备制造业呈现出一种混合式的产业链,由销售经营、设计研发、物资设备采购、生产制造、运输及售后服务串联而成,缺一不可,环环相扣,而提高每一个环节的附加值则是推动产业链发展的核心。

(6) 行业发展趋势。我国能源对外依存度高是制约我国经济发展的重要问题,我国已经成为石油、天然气消耗量全球第一大国,上述两种资源的对外依存度分别上升至 69.8% 和 45.3%,提升油气开采水平,保障能源安全已经成为我国面临的主要问题。我国海工装备制造水平较发达国家还存在一定差距,在国家政策的支持以及有关部门的推动下,未来我国海工装备份额将进一步上升,以应对海工装备大型化、作业环境复杂化的发展趋势。

a. 能源对外依存度高,油气资源多分布于深海。我国是能源消费大国,国内石油和天然气产量的增长远远赶不上国内能源消费的增长,能源多数依赖进口,被其他国家牢牢把住了增长"命脉"。2018 年,我国原油产量为 1.89 亿吨,天然气产量为 1 602.7 亿立方米;而 2018 年,我国原油消费量约为 6.5 亿吨,天然气消费量为 2 729 亿立方米。油气消费继续快速增长,继 2017 年成为世界最大原油进口国之后,我国又超过日本成为世界最大的天然气进口国。全年石油净进口量为 4.4 亿吨,同比增长 11%,石油对外依存度升至 69.8%;天然气进口量为 1254 亿立方米,同比增长 31.7%,对外依存度升至 45.3%,如附图 2 所示。未来,中国油气对外依存度还将继续上升,努力提升油气资源产量,建立能源保障体系,保护国家能源安全成为当务之急。

附图 2　2015—2018 年中国能源对外依存度

根据 Global Data 统计数据显示,2018—2025 年,全球油气投资将会增加至 12 510 亿美元。其中,超深水、深水和浅水区的资本支出分别为 4 290 亿美元、3 250 亿美元和 4 970 亿美元,分别占 34.3%、26.0% 和 39.7%,如附图 3 所示。60% 以上的投资分布在深水区和超深水区,这对我国海工装备水平提出了较大的技术需求。

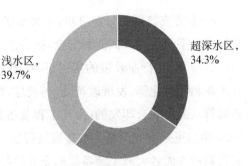

附图 3　2018—2025 海洋油气
工程投资域结构

b. 我国海工装备建设水平较低,较发达国家还存在一定差距。在国内,目前海洋石油工程处于起步发展阶段,唯一具有“整装”服务能力的代表企业是中国海洋石油总公司(CNOOC)旗下的海洋石油工程股份有限公司(COOEC),该公司在海洋工程领域处于垄断地位,国内 80% 以上的海洋工程都是该公司总承包建造的,另外上海外高桥船厂、大连船厂等大型船企的海洋工程事业部承担了大部分新建 FPSO 及半潜式钻井船的建造任务。

尽管海洋石油工程股份有限公司在国内占据垄断地位,但与国际著名的海洋工程公司相比,在规模、装备、技术水平和项目管理水平等方面都存在一定的差距,如附表 1 所示。

附表 1　我国海洋工程与国外主要差距

项　　目	具　体　说　明
钻采装备的建造能力	我国初步具备设计建造常规水深钻采装备的能力,还未掌握一些关键设计建造技术,在深水、超深水装备设计和建造上仍是空白。自行设计建造的设备工作水深不超过 2 000 m
配套设备的制造能力	我国海洋钻采装备的配套设备制造业严重落后,关键的、主要的设备和部件全部依赖进口,在配套设备上具有自主知识产权的成果不多,海上配套设备基本依赖进口
深海钻采技术及装备制造能力	我国在深海钻采平台设计与建造技术、海底钻采集输系统设计与计算技术、深海超深钻、定向钻井和水平钻井装备制造技术、深海动力定位装备与技术等专业领域与国际先进水平都存在较大差距,这种状况大大抑制了中国向深海及国际海底区域开发石油的能力,也因为安装国外产品使大量的利益流向国外

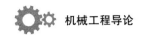

c. 多方支持助力行业进步,未来市场份额将进一步提升。提升海洋工程装备技术水平是保障我国能源安全,提升油气开采水平的应有举措,在国家有关部门的支持下,在行业政策的指引下,我国海工装备取得了一些的进步,2018 年 1 月工业和信息化部、发展改革委、科技厅、财政厅、人民银行、国资委、银监局和海洋局等八部门联合印发的《海洋工程装备制造业持续健康发展行动计划(2017—2020 年)》更是为我国海工装备发展提供了纲领性的指引。2019 年以来,在海工装备制造方面各大海工装备制造企业纷纷交出了令人满意的答卷。

未来海洋工程装备将呈现作业环境复杂化、装备规模大型化以及水下装备广泛应用的趋势,在国家政策的大力推动下,在坚持技术引领、智能制造的前提下,我国海工装备技术水平将不断提升,市场份额不断加大,为保障我国能源安全,提升制造工业经济效益贡献巨大力量。

注:本节资料来源于前瞻产业研究院《中国海洋工程行业发展前景与投资战略规划分析报告》。

参考文献

［1］杨水旸.论科学、技术和工程的相互关系[J].南京理工大学学报(社会科学版),2009
　　(3)：84-88,123.

［2］牛杰,张培富.工程学科中的文化"割据"现象[C].中国自然辩证法研究会2013年学术
　　年会,2013.

［3］乔磊.马克思主义视角下的科学技术与知识产权制度[C].第三届全国科技哲学暨交叉
　　学科研究生论坛,2010.

［4］徐海燕.从新科技革命的角度看当代世界左翼的发展[J].长江论坛,2013(5):4-8.

［5］李纯光.高校复合型人才培养管理研究[D].西安:西安科技大学,2015.

［6］佚名.STEM在中国探寻落地方式[N].北京商报,2017-04-10.

［7］李娟,陈玲.科技场馆内进行STEM教育的研究现状与对策[C].全球科学教育改革背
　　景下的馆校结合——第七届馆校结合科学教育研讨会,2015.

［8］龚理文.基于STEM教育理念的高中化学教材分析——以"人教版"必修教材化学1、化
　　学2为例[D].重庆:重庆师范大学,2018.

［9］王如君.美国"STEM教育"注重全面发展[N].人民日报,2017-11-07.

［10］王孙禹,赵自强,雷环.中国工程教育认证制度的构建与完善:国际实质等效的认证制
　　度建设十年回望[J].高等工程教育研究,2014(5):23-34.

［11］郭伟,张勇,解其云,等.以加入《华盛顿协议》为契机开启中国高等教育新征程——访教
　　育部高等教育教学评估中心主任吴岩[J].世界教育信息,2017,30(1):8-11.

［12］姚琪琳.中国科协获准加入《华盛顿协议》[N].安徽日报,2013-06-20.

［13］佚名.教育部出台关于实施卓越工程师教育培养计划的若干意见[J].教育发展研究,
　　2011,31(4):65.

［14］托马斯·弗里德曼.世界是平的[J].国企管理,2017(Z2):16.

［15］赵颖欣.新的一年新的岗位新的开始[N].青年报,2017-01-20.

[16] 佚名.机械工程师资格认证条件、标准和程序[J].机械工程师,2010(2)：154-156.

[17] 中国机械工程学会物流工程分会.物流工程师资格认证：物流工程人才评价[C]//物流工程三十年技术创新发展之道中国机械工程学会专题资料汇编,2010：201-202.

[18] 郭佳.《中国制造2025》节译翻译实践报告[D].曲阜：曲阜师范大学,2016.

[19] 国务院.国务院关于印发《中国制造2025》的通知[J].再生资源工作通讯,2015(5)：8-15.

[20] 刘蔚.遵循循环经济理念 做大做强塑料再生行业[J].国外塑料,2006,24(2)：18-21.

[21] 杨超君.一种快速操作机构运动学分析及动力学仿真[D].镇江：江苏大学,2011.

[22] 郝丽娟.跨越标准"最后一公里"[J].质量与认证,2017(6)：30-32,35.

[23] 齐继阳,唐文献.机械制造装备设计[M].北京：北京理工大学出版社,2018.

[24] 戴勇,邓乾发.机械工程导论[M].北京：科学出版社,2014.

[25] 邓朝晖,万林林,邓辉,等.智能制造技术基础[M].武汉：华中科技大学出版社,2017.

[26] 苏世杰,唐文献,李存军.应急拖带装置测试方法及测试平台[M].北京：中国原子能出版社,2017.

[27] 齐继阳.可重构制造系统若干使能技术的研究[D].合肥：中国科学技术大学,2006.

[28] 任小中,周近民.机械制造工艺学 英汉双语对照[M].北京：机械工业出版社,2016.

[29] 佚名.全球工业4.0竞争图谱[J].中国质量,2019(3)：93-95.

[30] 陈清泉.工程哲学与工程教育[C].中国电器工业协会微电机分会第五次会员代表大会暨企业名牌战略与微电机技术发展论坛,2007.

[31] 李正风,丛航青,王前.工程伦理[M].北京：清华大学出版社,2019.

[32] 马新辉.呼和浩特经济发展与环境质量关联性研究[J].北方经贸,2015(4)：83-84.

[33] 徐匡迪.工程师——从物质财富的创造者到可持续发展的实践者[J].中国表面工程,2004(6)：1-6.

[34] 成大先.机械设计手册 单行本 气压传动[M].6版.北京：化学工业出版社,2017.

[35] 杨海根.中国旗船舶法定检验放开的探讨[J].中外交流,2019,26(24)：61.

[36] 张曙宏.中国船级社在交通强国战略背景下的发展战略[J].水运管理,2018,40(6)：1-3,6.

[37] 张超.大型船用构件力学性能测试平台测控系统研究[D].镇江：江苏科技大学,2013.

[38] 苏世杰.船舶应急拖带装置强度试验平台关键技术研究[D].南京：南京航空航天大学,2018.

[39] 苏世杰,游有鹏,唐文献,等.船舶应急拖带装置强度试验机的研制[J].中国机械工程,2016(4)：454-460

[40] 李存军,唐文献,赵华,等.12000 kN船用构件力学性能测试平台研发[J].船舶,2014,25(6)：15-20.

[41] 张宗政. 大型船用构件力学性能测试平台冲击屈曲研究[D]. 镇江：江苏科技大学,2012.

[42] 佚名. 蛟龙号与海参深海相遇记[N]. 新民晚报,2017-07-20.

[43] 佚名. "蛟龙号"——走在深海载人技术最前沿[J]. 甘肃科技纵横,2012(4)：1.

[44] 许亮斌,蒋世全,周建良. 南海深水钻井挑战和对策[C]. 2013 年度钻井技术研讨会暨第十三届石油钻井院(所)长会议,2013.

[45] 申文杰. 海洋石油钻井技术的思考[J]. 能源与节能,2015(11)：37-38

[46] 马君,李建哲,李岱玉. 从精益管理到实现中国版"工业 4.0"[J]. 企业改革与管理,2015(23)：4-6,20

[47] 宁家骏. 创新中国制造业升级模式[J]. 中国工业评论,2015(5)：11-15

[48] 佚名. 德国制造业向"工业 4.0"转变[N]. 中国电子报,2014.05.06

[49] 左世全. 第三次工业革命与我国制造业战略转型研究[J]. 世界制造技术与装备市场,2015(3)：41-48

[50] 周芳. 工业机器人对全球制造业的影响研究[D]. 北京：对外经济贸易大学,2013.

[51] 杜宝瑞,王勃,赵璐,等. 航空智能工厂的基本特征与框架体系[J]. 航空制造技术,2015(8)：26-31.

[52] 刘磊. 智能工厂建设理论与实践探索[J]. 科技经济导刊,2016(16)：192-193.

[53] 冯凯. 如何走向绿色和智能制造——中国制造发展之路[J]. 环球市场,2018(27)：8-9.

[54] 佚名. 智慧制造新时代王青山提出六维智能理论[N]. 中国高新技术产业导报,2018-07-30.

[55] 佚名. 智能工厂建设的主要模式及国内外发展现状[N]. 中国航空报,2018.07.26.

[56] 新华社. 加强领导做好规划明确任务夯实基础推动我国新一代人工智能健康发展[J]. 党建,2018(11)：1,19.

[57] 张丽娟. 国际公约对我国海洋环境保护法的影响[J]. 甘肃政法学院学报,2001(2)：77-80.

[58] 张帆. 我国海洋倾废立法研究[D]. 哈尔滨：哈尔滨工程大学,2015.

[59] 左庆峰. 新工科背景下机械设计制造及其自动化专业"三位一体"创新人才培养方案改革探析[J]. 贺州学院学报,2018,34(4)：148-152.

[60] 汪福俊,陆苏华. "新工科"视域下地方应用型本科高校专业建设研究[J]. 科学大众(科学教育),2017(9)：148-149.

[61] 王庆环. 回归本科教育　答好时代之题[N]. 光明日报,2018-06-22.

[62] 吴岩. 建设中国"金课"[J]. 中国大学教学,2018(12)：4-9.